克服低自尊 第二版

认知行为自助手册

Overcoming Low Self-Esteem (2nd Edition)
A self-help guide using cognitive Behavioural Techniques

［英］梅勒妮·芬内尔 著
Melanie Fennell
聂亚舫 译

上海社会科学院出版社
SHANGHAI ACADEMY OF SOCIAL SCIENCE PRESS

目录
Contents

第一部分　导言：什么是低自尊？
第 1 章　什么是低自尊？　/ 3

第二部分　理解低自尊
第 2 章　低自尊如何发展而来　/ 27
第 3 章　低自尊何以维持　/ 53

第三部分　克服低自尊
第 4 章　检验焦虑预测　/ 73
第 5 章　质问自我批评想法　/ 106
第 6 章　提升自我接纳　/ 139
第 7 章　改变规则　/ 175
第 8 章　建立新的核心论断　/ 213
第 9 章　制订未来的计划　/ 252

附录　/ 273

第一部分
导言：什么是低自尊？

第1章
什么是低自尊？

"低自尊"的意思是什么？

自我形象

自我概念

自我知觉

自信

自我效能

自我接纳

自我尊重

自我价值

自尊

上面这些词语都从某些侧面反映了我们看待自己的方式，我们对自己的看法，以及作为人，我们赋予自己的价值。每个词的意思都略有差别。

"自我形象""自我概念"和"自我知觉"都是指人们对自己的总体感知，不一定含有自我评断或自我评价的成分，而只是简单地描述各类特征。例如：

- 国家或地区认同（如"我是英国人""我来自纽约"）
- 种族与文化认同（比如"我是黑人""我是犹太人"）
- 社会角色与专业角色（比如"我是一名母亲""我是警察"）
- 人生阶段（比如"我才13岁""我已经当爷爷了"）
- 外貌（比如"我个子高""我眼睛是棕色的"）
- 好恶（比如"我爱足球""我无法接受菠菜"）
- 日常活动（比如"我打棒球""我使用电脑"）

以及

- 心理素质（比如"我具有幽默感""我容易发脾气"）

"自信"和"自我效能"指的是，我们觉得自己能成功完成某事，而且可以达到一定标准。就像一个自信的人会说："我可以做成某事并且我知道我可以。"例如：

- 具体的能力（如"我数学很好""我能接住球"）
- 社交能力（如"我结识新的朋友后，通常都能与他们融洽相处""我是一个好的倾听者"）
- 一般的应对能力（如"如果我决意做成某事，我通常可以做到""遇到危机时，来找我是个不错的选择"）

"自我接纳""自我尊重""自我价值"以及"自尊"则引入了一个不同的元素，它们不是单纯指我们对自身特征——无论好坏——的认识，也不是我们对自己胜任某事或不胜任某事的信念，而是我们对自己整体的看法，以及我们赋予自己作为人的价值，体现了最基本的自我价值感，其表述可能是正面的（如"我很棒""我很重要"），也可能是负面的（如"我很糟""我一无是处"）。如果是正面的，就表明我们大体上拥有健康的自尊。如果是负面的，就是所谓的低自尊。

健康的自尊是什么样的？

有时候人们对"自尊"有种过于极端而不现实的正面的理解，而对低自尊的理解则恰恰相反。显然，这种观念似乎也不太对，毕竟没人喜欢狂妄自大、相信自己完美无缺、觉得自己可以为所欲为、总是把自己需求放在第一位、总觉得自己是天纵英才的人。

健康的自尊并非这个意思，本书的目的也不是培养这种同样无益的"自尊"。本书所说的"健康自尊"指的是，总体上正面的自我价值感，对你自己拥有一个**平衡的看法**。对于低自尊者来说，他们的自我评价往往极度偏向负面，也就是只能注意到自己的缺点、弱点、错误以及自己表现不佳的时候，而自己的强项、才华和优点则往往被忽视或轻视。对于自尊过于正面的人来说，则恰恰相反："正面"霸占舞台中央，一个正常的"凡人"必然拥有的缺点，则被忽视或轻视。

本书的目的是帮你建立健康的自尊：从根本上接受真实的自己，优点和缺点统统接受。所以，和古往今来所有人类一样，你也有弱点，你也会做错事，你也会后悔，你对自己也有不满意、想要改变的地方。可与此同时，你同样也拥有强项、优良的品质、技能和成就，两者需要赋予同等的注意、同样的价值。这就是所谓的"平衡的看法"，其核心是让一个人觉得"做自己是 OK 的"。

我怎么知道我是不是低自尊？

下面列出了 10 个问题，每个问题后面都有 5 个选项，分别在最能反映你自我感觉的选项下打勾。这里答案没有正确与错误之分，但一定要反映你对自己真实的看法。所以，请诚实答题。

表 1-1 低自尊自测表

	是，确定	是，多数时候	是，有时候	不，多数时候	不，完全不是
我的人生经验教会我重视并欣赏自己					
我拥有良好的自我评价					
我善待自己并能妥帖地照顾自己					
我喜欢自己					
我对自己品质、技能、资本以及优点的重视程度与对弱点和缺陷的重视程度相同					
我自我感觉良好					
我觉得别人注意到我，花时间在我身上是值得的					
我能关心自己，并享受生命中的美好					
我对自己的期望不比我对他人的期望更刻板或更严厉					
我对自己持宽容和鼓励，而非自我批评的态度					

如果你的对勾没有全部落在"是,确定"这一栏,那你可能用得上这本书。如果你总体上能接受自己本真的样子;如果你可以毫无障碍地尊重并欣赏自己;如果你觉得自己即使拥有人类的弱点,也同样具有内在价值;如果你觉得自己有权在这世上占有一席之地,也有权享受其丰饶,那么恭喜你,你拥有"健康的自尊"。不过,本书中的一些观点可能仍然对你有用,或者让你了解到全新的方法与观念,但是你做出的任何改变都将建立在"自我接纳"的前提之下。相反,如果你觉得真实的自己在某些方面弱小、不够好、低人一等或有所欠缺,如果你饱受不确定和自我怀疑之苦,如果你对自己常常持严苛及批评的态度,或者如果你很难感觉自己具有实在的价值,有权享受生命中的美好,那就表明你自尊偏低。而低自尊可能会让你痛苦,并破坏你的生活。

低自尊的影响

"自尊",即指我们对自己总体的看法:我们如何评断或评价自己,以及我们赋予自己作为人的价值。接下来我们会更详细地探讨低自尊对生活的影响。你可借此反思你对自己的看法,以及你赋予自己何种价值,你还可以思考你对自我信念如何影响你的想法和感觉,以及你如何应对日常生活。

低自尊的本质:你对自己的核心信念

自尊的关键是你对自己的核心信念,对于你是何种人的核心看法。这些信念通常以事实陈述的形式出现("我是什么什么样的")。它们似乎直接反映了你的自我认同,对于你自己状态的陈述。然而,事实上,它们更多是观点,而非事实:你基于自己的人生经历,尤其是基于你接收到的关于自己是何种人的信息，而对自己做出的总的表述或结论。因此，简单来说，如果你的经历总体来说是正面的，你的自我信念很可能总体上也是正面的。如果你的经历好坏兼有（大多数人都是这种情况），你对自己的看法可能也十分驳杂，并且你会根据自己所处环境灵活调用这些看法。然而，如果你的经历总的来说是负面的，那么你的自我信念可能也同样负面。负面的自我信念是低自尊的本质。这一本质可能已经影响并"污染"了你生活的方方面面。

低自尊对人的影响

构成低自尊本质的负面信念会以各种方式呈现。

为了获得直观认识，一个有用的方法是：如果某个你认识的人，你觉得他或她自尊偏低，那么想想他或她的样子。当然，如果你觉得自己就是自尊偏低，你也可以审视你自己。不过，首先审视他人可能会更容易。这是因为，如果你试着审视自己，你通常很难获得一个清晰的"视野"——你离自己太近，无法看清。现在，回想你选择的那个人。想一想你们最近的几次碰面。发生了什么？你们聊了些什么？他或她看上去怎么样？他或她做了什么？和他或她在一起，你感觉如何？尝试以"心眼"获取一张他或她的清晰画面。现在的问题是：你怎么知道这个人低自尊？他或她的什么表现让你觉得他们在自尊方面有问题？

简单记下你觉得能表明对方自尊偏低的事情，越多越好。在对方的话中寻找线索。比如，你是否听到很多自我批评或道歉？这反映了对方如何看待自己？注意对方的行为，包括对方如何与你、与其他人相处。比如，对方在公司一般都是安静、害羞的吗？或者，相反，总是自大且自我吹嘘的吗？这透露了什么信息？对方的自我展示（姿势、面部表情、注视方向、说话语气）呢？比如，对方的姿势是向内缩成一团吗？对方倾向于回避与他人的眼神接触吗？同样，这反映了对方如何看待自己？你还可以回想下这个人的感觉和情绪。你试着设身处地，想象对方当时的感觉如何？对方看上去悲伤吗？或者厌烦？或者受挫？抑或害羞焦虑？这些情绪伴随着哪些身体状态或身体变化？

你很可能在许多不同方面都能找到线索。

关于自己的想法和陈述

负面自我信念表现在人们惯常描述及看待自己的方式之中。注意自我批评、自我责备以及自我怀疑，也就是人们赋予自己较少价值、轻视自身的积极面，聚焦于自己的弱点和缺陷。

行为

低自尊反映在日常情境下的行为之中。留意"泄密"的线索，如难以表达需求、不能畅所欲言、"抱歉"常挂在嘴边、避免挑战及回避机会。也要留意小的线索，如驼背、低头、避免眼神接触、说话小声以及犹豫。

情绪

低自尊会影响情绪状态。留意悲伤、焦虑、内疚、羞愧、无望、沮丧以及生气的迹象。

身体状态

情绪状态常体现为不舒服的身体感觉。留意疲劳、恶心疼痛、萎靡或紧张的迹象。

你对这个熟人的观察表明，对自己整体上的负面信念会反映在各个层面：影响想法、行为、情绪状态以及身体状态。现在，想象一下，把上述方法用在你身上会怎样？如果你像观察他人一样观察**你自己**，你会看到什么？对你来说，那些"泄密"的线索会是什么？

低自尊对生活的影响

就像低自尊体现在人的方方面面，它也会对生活的方方面面造成影响，并进一步打击人的自尊。

学业和工作

低自尊者可能在学业或工作中一直表现不好，还会回避挑战；也可能是一个刻板的完美主义者，因为害怕失败而无休无止地拼命工作。低自尊者可能难以肯定自己的成就，或者不认为自己的成就是他们技能和实力的结果。他们可能早早辍学，因此无法取得学历。这又进一步影响他们未来的工作，他们可能只能从事薪水低微的工作，甚至很多时候都处于失业状态。

人际关系

在人际关系中，低自尊者可能遭受严重（甚至障碍性）的局促、对批评和不赞同过度敏感、过度想要讨好他人——甚至是彻底断绝任何形式的亲密或接触。有些人采取一种特殊的处世之道：总是呼朋引伴，表现得胸有成竹且大局在握，或者总是把其他人放在第一位——无论其代价是什么。他们的信念是：如果他们不这样，人们肯定就不想跟他们来往了。

休闲活动

业余时间如何安排也会受到低自尊的影响。任何活动，只要有可能受到别人评判，低自尊者都可能会回避（比如美术课或竞技运动）。低自尊者也可能认为自己不值得受到奖励或善待，或者无权消遣或享受。

自我照料

低自尊者可能不能很好地照顾好自己。他们生病时可能死扛，头发一团糟了也不去理发，牙疼了也不去看牙医，不锻炼，饮食不健康，很少买新衣服，饮酒过度或吸烟，甚至吸毒。抑或相反，他们可能花费数小时装扮，每个细节都要求完美，并坚信这是他们吸引人的唯一方式。

低自尊所扮演的不同角色或状态

每个人受核心负面自我信念影响的程度不一。低自尊的影响部分取决于它在你生命中到底扮演什么角色。

1. 低自尊可能是目前问题的一个方面

有时候对自己的负面看法纯粹只是当下情绪的产物。临床抑郁患者几乎总是非常消极地看待自己。即使是吃药后就能明显好转的抑郁患者，以及具有明显生物化学基础的抑郁患者，也是如此。以下为临床抑郁的一些体征：

- 情绪低落（持续悲伤、沮丧、低落或空虚）
- 对什么都提不起兴趣，感受快感的能力普遍降低
- 食欲和体重改变（显著增加或下降）
- 睡眠模式改变（也是显著增加或减少）
- 要么烦躁不安，很难安静地坐着，要么做事节奏比正常节奏慢许多（不仅仅是你自己内心的感觉，而是其他人都能感受到你的这种反常）
- 感觉疲劳和精力不济
- 感觉极度内疚以及一无是处
- 难以集中注意力、清晰地思考以及做决定
- 感觉事情非常糟糕，自己最好去死，想要伤害自己，甚至已经做好了计划

上述症状中，至少符合五项（包括情绪低落或快感与兴趣丧失）持续较长时间（两周或两周以上），才能确诊为抑郁症并接受相应治疗。也就是说，我们这里讨论的不是每个人偶尔不顺时都会经历的短暂沮丧，而是一种持续且具破坏性的情绪状态。

如果你目前对自己的负面看法是出现在这种情形之下，那么治疗抑郁才是你的当务之急。如果能成功治疗抑郁，你甚至无需大动干戈解决自尊问题，就可以恢复自信。即便如此，本书中的一些观点可能仍然对你有用，特别是第5章、第6章和第7章，这几章讨论了如何应对自我批评想法，如何关注自己的积极面、肯定自己的成就，以及如何改变生活中毫无益处的规则。

2. 低自尊可能是其他问题所导致的

有时候，给生活带来痛苦及破坏的其他问题，也会导致自尊丧失。比如长期的焦虑问题，包括经常性的担心或明显失控的惊恐发作，会极大地限制一个人的行为，从而瓦解其自信，让他觉得自己有所欠缺或能力不济。同样地，抑郁症患者常常觉得：自己的抑郁是自身缺点导致的（而不是将抑郁看作对逆境及丧失的正常反应），许多人甚至羞于承认自己的抑郁。旷日持久的婚恋问题、困境、持续的巨大压力、慢性疼痛及疾病也可产生类似的影响。所有这些问题都可能导致意志消沉以及自尊丧失。这种情况下，解决那些导致低自尊的问题可能是最有效的办法。比如，学会控制惊恐和焦虑之后，自信通常会恢复到之前的水平，而无需特意费劲去解决自尊问题。如果你是这种情况，并且你的低自尊是其他问题所导致的，你还是可以在本书中找到一些有用的观点，帮助你尽量快速、彻底地恢复自信。你也可以花一点时间浏览一下本丛书，看看其中有没有直接针对你的问题的书籍。

3.低自尊可以是其他问题的易感因素

有时候,低自尊不是目前问题的后果或一个方面,而是助其生长的肥沃土壤。你可能在儿童期或青春期,或者远在你记事起,就已经出现了低自尊的问题。研究表明:低自尊(长期对自己持有负面信念)可能引发一系列问题,包括抑郁、自杀念头、饮食障碍、物质滥用以及社交焦虑(极度害羞)。如果你是这种情况,你目前的问题源自或反映了你潜在的低自尊感,尝试解决目前的问题无疑会有所帮助,但是你对自己的看法很可能不会产生重大或持久的改变。除非直接处理低自尊问题——而非别的问题,你未来可能还是会遇到种种困境。这种情况下,把这本书作为指南,帮你持续、系统地改善自我信念,瓦解旧的负面看法,建立更加有益的新视角,对你会大有裨益。

低自尊的影响程度

无论低自尊是其他问题的后果或一个方面,或者是这些问题的易感因素,它对生活的影响程度都因人而异,如下图所示:

低自尊:影响程度

| 自我怀疑只在特别具有挑战性的情境下发生,通常可以控制,并且不会产生严重的痛苦或困难。可通过其他方式更正面地看待自己。问题似乎可以解决——不是根植于个人的自我认同。改变相对容易。 | 自我怀疑和自我批评会在各种不同的情境下发生。非常痛苦,生活失能。负面看待自己是个既定事实——无法更正面地看待自己。日常生活中的问题是由于自我看法导致的,已不可避免。任何可能的改变都难以想象。 |

图 1-1 低自尊连续体

低自尊者可位于上述连续体的任意位置。位于最左端的人，偶尔自我怀疑，也通常是在非常特殊的状况下（比如面试或者首次约人出去），这样的怀疑对生活的干扰微乎其微。他们在具有挑战性的情境下可能稍感不安，但是控制不安并非难事，对他们来说，这微不足道，很容易就恢复如常，不会被挑战吓退，而是能成功面对。即使在生活中遇到困难，他们也只是简单地将其看作待解决的问题，而不是觉得自己内在出了根本性的问题。除了挑战引发的自我负面看法，他们很可能还有更正面、更具建设性的自我信念，大多数时候，都是这些正面看法左右他们看待自己的方式。他们很可能毫不费力就能与他人建立关系，请求他人帮助时也不会觉得不好意思。对于那些让他们产生自我怀疑的情境，他们更倾向于看作单一事件，能巩固并强化早已"就位"的正面自我信念。他们还能快速学会挑战自己的焦虑预测，学会应对自我批评的想法。

对于标尺另一端的人，自我怀疑和自我谴责几乎是常态。他们没有其他更友善、更宽容的自我信念。对他们来说，这些都理所当然。微末小事就足以让他们的自我批评想法泛滥。他们很难相信自己有能力处理生活中的任何挑战，也很难与人保持持久的亲密关系。他们的恐惧以及负面自我信念非常强大，全面扰乱了他们的生活——错失机会、回避挑战、婚恋失意、快感丧失、成就受限，在许多方面表现出自我挫败以及自我伤害的行为模式。处于这一端的人遇到困难时，不是将困难看作待解决的问题，反而倾向于将其看作"真我"的核心（"这就是我"，"我就是这样"）。因此，他们难以退后一步看清真相，也很难在没有外在帮助的情况下，有条不紊地改善自己的状况。即使可以，也是举步维艰，因为他们很难相信有改变的可能，并且，在迟迟不见效果时，他们也难以坚持下去。

我们大多数人位于这两个极端之间。本书对恰好处于最左端的人可能用处有限，但是，本书仍然提供了一些实用的小建议，可以用来微调业已坚实的自信感和自我价值感。对于那些靠近标尺右端的人，仅仅靠本书可能不足以解决问题。但是，把本书用作认知行为治疗师治疗计划的一部分会有所帮助。本书主要还是针对位于该连续体中间广阔区域的人——他们饱受低自尊困扰，希望改变，同时，他们仍有足够的"行动自由"：能够从其习惯性的自我信念中跳出来，并寻求替代性的视角。

如何使用本书

你可能是个自信的人，只有在遇到特别具有挑战性的情境时，偶尔才会自我怀疑。或者，你可能饱受自我批评困扰，很难想到自己好的一面。但是，你更有可能处于这两个极端之间。无论你低自尊的影响强度及广度如何，本书都能为你提供一份自我认识与自我接纳之旅的"向导图"。本书旨在帮助你了解不良自我信念的起源。还能帮你了解：无益的思考习惯及自我挫败行为模式如何维持你的负面自我信念。你将学习近距离地自我观察，并在此基础上学习挑战负面的自我信念，发展出一个更友善、更宽容、更重视自己的新信念。

在这段旅程中，许多做法或原则都大有裨益，后面会一一给出详细说明。它们是：

- 对新的可能保持开放心态
- 一步一步来
- 乐于在实践中试验新的观念和技术

- 对自己做出承诺
- 勤记录
- 对成功和退步有所准备

对新的可能保持开放心态

人类是学习的动物,这是人类之所以进化为人类,个体之所以能不断成长和发展的原因。但问题是,有时候我们在某段时间、某种环境(通常是痛苦的环境)下习得的东西会长久地固定下来,拒绝改变。低自尊就是一个例子。

你不必相信本书能让你的生活发生翻天覆地的变化,让你焕然一新。相反,重点在于,让本书引导你学习,让你从人类这项最宝贵的能力中,获得最大的收益。保持心态开放,注意新的可能(而不是让旧的思维习惯自动摒除一切新的可能),你还可以在这段旅程中,加入一点点友善的好奇心。

一步一步来

阅读本书过程中,你将有大量机会思考,自己的不良自我信念如何发展而来,反思低自尊如何影响你的日常生活。有许多实践练习和工作表能帮助你将所学的内容,应用到你个人身上。实际上,如何使用本书由你决定。你可以快速浏览本书,只挑出书中一两个有用的小技巧。或者,你在快速浏览章节标题后,觉得有必要花费时间和努力,系统地使用本书,仔细地观察自己在问题情境中的行为,并改变旧有模式;重新思考你应对生活的常规策略,瓦解旧的负面自我信念,代之以更有益、更现实的自我信念。

最终你会发现,跟着本书一步一步来,能让你获得最大收益,因为,每章都提供了有用的观念和技术,而每一章都是以前一章为基础。你可以首先大致快速浏览每章的内容，获得一个大致的印象。通过快速浏览，注意那些让你"心有戚戚"的故事或例子，并借此思考每章跟你个人的关联何在——毕竟，只有你最了解自己。然后，回过头去，更加仔细、详细地阅读每章，并完成练习。

在深入理解每一章介绍的方法之前，不要急着跳到下一章。所谓深入理解指的是：你理解了这一章介绍的方法，如何使用这一方法，亲自实践并有所结果。如果你性急求快，那可能欲速则不达，每章提供的新观念也不会对你自我信念产生重大影响。该花多少时间就花多少时间，你值得在自己身上投入时间。你可以将这项工作，看作尊重并善待自己的一种姿态，是走向自我接纳和自尊的一个步骤。

乐于在实践中试验新的观念和技术

如果你在质问并重新思考旧观念的同时，乐于将新的观念和技术付诸实践，那么你将获得最大收益。最强有力的学习是通过直接的经验来学习。仅仅只是刷新思维，或者与信任的朋友讨论一下是不够的，还应该坐言起行，在现实世界中检验新的观念。当然，这需要勇气，但是经验是最好的老师。

对自己做出承诺

如果你决定系统地使用本书，那就要花费不少时间。只有每天腾出一定时间（比如二三十分钟），进行阅读、记录、反思、计划和总结，才可能获得最大收益。这无疑是一个不小的投入，尤其是本书还会要求你回想让你痛苦的事件或问题。不过，你的投入将会有重大收获，尤其当你的自我怀疑已经持续很久，让你痛苦并限制你生活时，尤其如此。可能有时候你会停滞不前，不知道该如何推进,或者在惯有思维方式之外,无法找到替代性的思维方式。又或者,事情进展不如你的预期或者未达到你要求时,你感觉急躁或泄气。不要生自己气,也不要放弃,可以先缓一缓,然后再重新上路。你把问题想清楚后,你将更加放松。

如果你能和一个信任的朋友或支持者一起阅读本书,也将大有帮助。两个脑袋胜过一个脑袋,并且你的"停滞点"可能与他或她的不同。你们甚至还可以互帮互助,鼓励对方坚持并相互支持,让双方在试验新的行为方式、关注强项和优点、学着创造性地与自己做好朋友等实践中,都能有最大收益。换句话说,你们可以借此学习"待己如待人",也就是,像对待自己重视、喜爱、尊重的人一样对待自己。

勤记录

勤于记录自己所做的事很重要。本书提供了很多工作表,帮你识别、重新思考并检验旧的、无益的思维模式,从而让你一步一步系统地、结构化地了解自己。记住:我们的记忆是不可靠的。你可能觉得记忆是旧事重现,但事实上,记忆不是重现,而是重建,甚至是重新创造。重建受很多因素影响,例如,原始事件之后又发生的事情,我们的见闻,以及我们的情绪等。比如,如果你情绪低落,那么你很容易就会记住困难和痛苦的经历,难以记住好事及正面的事。这意味着,随着时间推移,你新学到的东西和重要的洞察可能逐渐变淡、变形,甚至彻底消失。你的记录则可以提醒你做了什么,以及你新的思维与行为方式。当你压力很大、疲惫不堪、心情低落,或者自信心受到严重打击时,这样的提醒尤为重要。

对成功和退步有所准备

你跟着本书建立健康自尊的过程中，很可能会经历反复，当你的低自尊持续很久时，尤其如此。但是，无论成功还是退步，都是极有学习价值的。成功将展现你勇于尝试的成果，强化你习得的新观念和新技术。而退步，则让你有机会进一步"亲眼"观察低自尊的影响，让你搞清楚如何才能最有效地处理低自尊。因此当你踢到铁板时，也不要灰心丧气。

提醒

本书不可能帮到所有低自尊者。有时候一本书是远远不够的。处理痛苦最常用的方式是向人倾诉。通常，与一位挚爱的家人或者好朋友聊一聊，就能够缓解痛苦，让我们继续前行。然而，有时候即使倾诉了也没用。这时候，我们就需要去找受过专业训练的人——心理治疗师。如果你发现关注你的自尊实际上让你感觉更糟，而不能帮你厘清且建设性地思考如何改善，或者，你的负面自我信念以及不可能改变的负面想法非常强烈，你甚至因此不能着手运用本书提供的观点及实践技术，那么建议你寻求专业帮助。如果你发现自己有抑郁的迹象——前文对此已有介绍，或者焦虑已影响到你的正常身体机能，或者你发现自己开始沉湎于自我挫败及自我伤害的行为中，则更应该去寻求专业帮助。

寻求心理帮助不是什么可耻的事情——与汽车出毛病后送入修理厂，或者遇到无法解决的法律问题后去找律师，没什么两样。寻求帮助不仅明智，而且勇敢。寻求帮助意味着打开了一扇门，可能通往一个不一样的未来，意味着在一位关心你的、友善的向导帮助下，踏上自我认识和自我接纳之旅，而不是孤军作战。本书关注并强调通过自我观察及系统的改变来自我赋权，如果你觉得本书描述的方法还不错，那么对你帮助最大的向导可能是认知行为流派的治疗师。

方法：认知行为疗法

"认知行为疗法"（CBT）是起源于美国的一种心理疗法，最初由贝克教授（Professor Aaron T.Beck）提出，贝克教授是费城的一位精神科医生。认知行为疗法是一种基于实证的方法，有坚实的心理理论和临床研究基础。1970年代末，认知行为疗法首先被证实能有效治疗抑郁。自此之后，认知行为疗法的适用范围大为扩张，现在它已成功用于解决许多不同问题，包括焦虑、惊恐、婚恋问题、性问题、体象问题、进食问题（如神经性厌食症和贪食症）、失眠和慢性疲劳、慢性疼痛、强迫性赌博、酒精和药物依赖以及创伤后应激障碍（包括儿童期创伤）。本丛书有些分册直接针对其中某些问题。

认知行为疗法是应对低自尊的理想方法，因为，认知行为疗法关注想法、信念、态度及观点（这就是"认知"的含义），我们前面已经说过，一个人对自己的看法正是低自尊的核心。对于问题如何形成及其持续机制，认知行为疗法提供了一个容易领会的框架。认知行为疗法解释了你的自我信念如何形塑你的日常生活，也就是如何影响你的所思所感，你每时每刻的行为。但是，不要认为仅有理解和洞见就足够了。认知行为疗法还提供经证实有效的实践方法，以促进持久的变化。它鼓励你退后一步审视旧有的思维模式，教你将其视作心理习惯，让你意识到，有些思维模式是很多年前形成的，已经不再有用或不再重要。它教我们观察并质疑自己的想法，而不是自动认为我们的想法或信念一定正确。然而，认知行为疗法不仅仅是一个"谈话疗法"。它鼓励你在与低自尊的斗争中扮演积极的角色,教你在日常生活、工作、与亲朋好友相处时实践新的想法,甚至教你独自一人在家时如何与自己相处。你将学习如何试验不同行为方式,观察这样做对你的自我信念产生何种影响(这些是"行为"元素)。

最后,总结一下:认知行为疗法是一个解决根本问题的、合乎常理且"接地气"的实践方法。它让你变成自己的治疗师,逐渐洞悉问题,计划并实施改变,自己评估结果。你学习和练习的技术将在你之后的人生中持续发挥作用。

最终的结果可能是本章开头辨析过的那些方面均发生变化。

- **自我知觉**更加平衡,即能注意你的各个侧面,而不是仅仅关注消极面,摒除积极面。
- **自我形象**或**自我概念**更加平衡,即无论好坏,全面充分地欣赏并赞赏自己——真实的自己,简言之,**自我接纳**。
- **提升自信及自我效能**——你对自己能力、品质、资本、技能和优势的看法较少限制,你的**自我尊重**进而提升。
- **自我价值感**和**自尊感**得到刷新和提升,了解你的内在价值,轻松自信地充分享受人生,对待自己就像对待那些你在意的人一样,给予同样的关怀与关注。

本书概述

第 2 章非常细致地探讨了低自尊来自哪里。你可以思考人生中的哪些经历对你看待自己的方式有影响,还可以了解到:鉴于你遭遇的一切,你对自己有这样的看法多么"理所当然"。

第 3 章关注是什么维持着旧的、负面的视角，以及过时的思考习惯和无益的行为模式如何"沆瀣一气"，形成一个恶性循环，妨碍自尊健康发展。

第 4 章提出一种打破循环的方法，教你如何觉知、质问并检验你的负面预测，负面预测可引起焦虑，限制潜力，进而加剧低自尊。

第 5 章和第 6 章互为补充。第 5 章教你如何"捕获"及应对自我批评想法，进而瓦解负面自我信念。第 6 章提供一些方法，教你主动创造并强化更友善、更宽容的自我信念。

第 7 章转而探讨如何改变你的生活规则——你用来防御低自尊的策略。

第 8 章讨论直接处理负面自我信念——也是低自尊的核心——的方式。

最后，第 9 章提供了一些总结和巩固，以及如何更进一步的方法。

你可能已经注意到了：直接改变你自我信念的方法放在最后。这好像很怪，可是改变你的负面自我信念果真是你的当务之急吗？事实上，首先考察其运作方式，往往最容易改变长久以来的信念。虽然理解它们产生的机制有趣、有用，但是最需要改变的是维持其存续的机制。改变根本性的自我信念（甚至其他事情）可能要花费数周或数月时间。因此，从这一泛泛的抽象层面着手，就相当于一开始就尝试最难的事情。这可能会拖慢你的脚步，甚至令人相当受挫。

相反，改变你每时每刻的想法和行为会对你的自我感觉立刻产生影响。可能几天内就会产生剧烈改变。处理日常情境下的想法和感觉有助于厘清自我信念的性质，以及它们对生活的影响，也为后一阶段处理更大的问题打下坚实的基础。甚至，在你直接处理核心负面自我信念之前，改变已经发生。当你在改变特定情境下具体的想法和无益行为时，如果你不断问自己如下问题，情况更是如此：

- 这对我自我信念的影响是什么？
- 这与我的不良自我信念的吻合（或不吻合）程度是多少？
- 这会对我看待自己的方式产生什么改变？

你将发现，你在思维和行为上做出的小改变会一点一点"凿掉"核心负面自我信念这块"巨石"。当你进行到第8章时，你甚至可能发现："巨石"已非常小，除了最后一击，几乎不需要再做任何努力。即使你没有将其"凿"到这一程度，你之前所做的工作——瓦解负面想法、关注更友善的新视角，会让你在处理更大的抽象问题时，处于有利位置。第8章明显利用了本书前面所做的工作。也就是说，掌握前面几章的观点和技术将大有裨益。

祝你好运。享受这趟旅程！

本　章　总　结

1. 自尊反映了你如何看待自己、评判自己，以及你的自我价值感。

2. "低自尊"指对自己持有不良的看法、苛刻地评断自己并且赋予自己极少价值。

3. 相反，"健康的自尊"表示，你拥有平衡的自我信念，既承认并接受自己缺点，也欣赏自己的优点和良好品质。

4. 低自尊的核心是负面自我信念，它们形塑着你每天的想法、感觉和行为，并对生活的许多方面产生影响，让你痛苦不堪，甚至生活失能。

5. 低自尊所扮演的角色不尽相同，它可能是目前问题的一方面或者其后果，也可能是一系列其他问题的易感因素。不管它是哪种角色，其对日常生活的破坏程度都因人而异。

6. 本书提供一个认知行为框架，帮助你理解低自尊的产生机制及维持机制。理解是基础：既是重新思考旧有的无益信念的基础，也是发现更友善、更宽容的新视角的基础。

第二部分
理解低自尊

第2章
低自尊如何发展而来

引 言

低自尊的核心是负面自我信念。负面自我信念看上去像事实陈述,就像你的身高、体重及住址等事实一样。身高、体重及住址等事实陈述无可辩驳,其真实性也很容易由你或别人检验和验证,除非你撒谎(例如,你不希望别人知道你住的城区不太好),或者你掌握信息不足,无法给出准确描述(例如,你刚搬家,还记不住新的住址)。

我们对自己的判断,以及我们赋予自己作为人的价值却与此不同。你对自己的看法,即你的自尊,是一种习得的观点,而非事实。而观点有可能出错、有所偏差或者不准确,甚至,明显就是错的。你对自己的看法,是你人生经历的反映。如果你的经历主要是积极正面的,那么你对自己的看法可能同样积极正面。相反,如果,你的人生经历主要是负面和破坏性的,那么你对自己的看法可能同样负面且具破坏性。

本章将探讨经历如何导致并强化低自尊。低自尊发展过程的总结见第28页的流程图(流程图的上半部分是本章的核心)。该流程图从认知行为的视角解释了低自尊。阅读本章时,请时刻记着这张图。并且，在阅读过程中，思考其中呈现的论断是如何反映在你身上的。哪些符合？哪些不符合？哪些能有效解释你看待自己的方式？本章讲述的哪些故事让你想到自己？就你而言，哪些经历导致了你的低自尊？你的核心论断是什么？你的生活规则是什么？

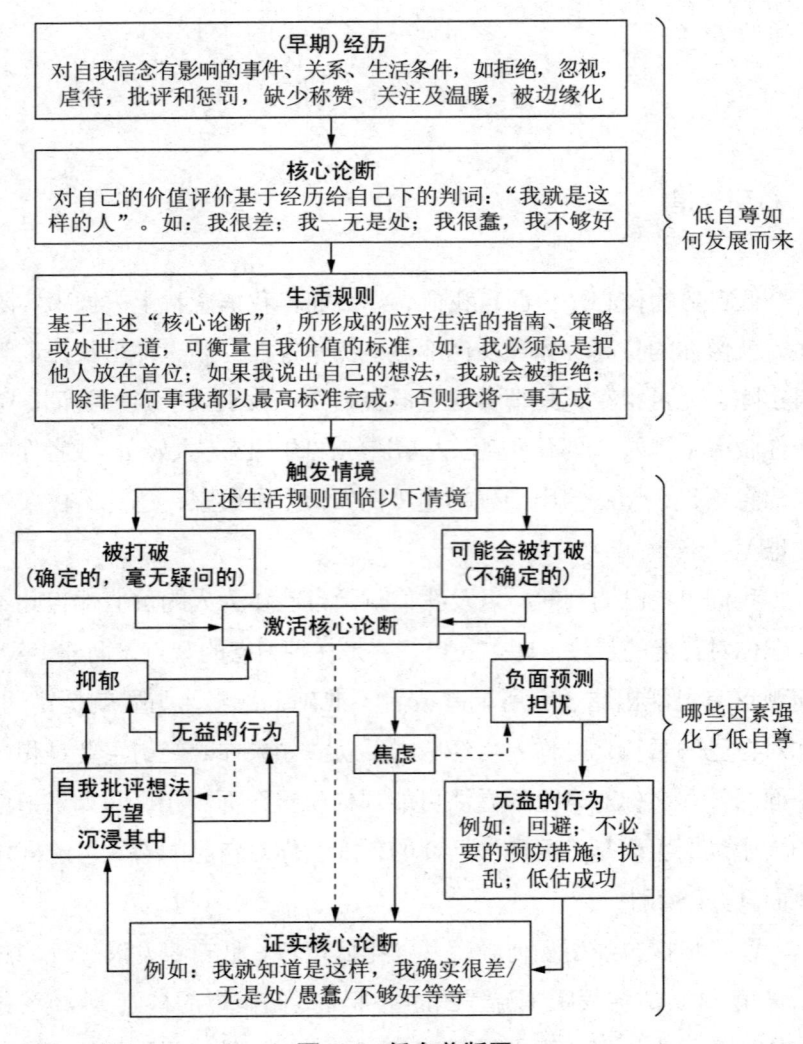

```
┌─────────────────────────────────────────┐
│            （早期）经历                  │
│ 对自我信念有影响的事件、关系、生活条件，  │
│ 如拒绝、忽视、虐待，批评和惩罚，缺少称    │
│ 赞、关注及温暖，被边缘化                  │
└─────────────────────────────────────────┘
                    │
┌─────────────────────────────────────────┐
│              核心论断                    │       低自尊如
│ 对自己的价值评价基于经历给自己下的判词：  │       何发展而来
│ "我就是这样的人"。如：我很差；我一无是    │
│ 处；我很蠢，我不够好                      │
└─────────────────────────────────────────┘
                    │
┌─────────────────────────────────────────┐
│              生活规则                    │
│ 基于上述"核心论断"，所形成的应对生活的    │
│ 指南、策略或处世之道，可衡量自我价值的    │
│ 标准，如：我必须总是把他人放在首位；      │
│ 如果我说出自己的想法，我就会被拒绝；      │
│ 除非任何事我都以最高标准完成，否则我将    │
│ 一事无成                                  │
└─────────────────────────────────────────┘
                    │
┌─────────────────────────────────────────┐
│              触发情境                    │
│         上述生活规则面临以下情境          │
└─────────────────────────────────────────┘
         │                    │
┌────────────────┐    ┌────────────────┐
│   被打破        │    │ 可能会被打破    │
│(确定的，毫无疑问 │    │  (不确定的)     │
│     的)         │    │                │
└────────────────┘    └────────────────┘
         │                    │
         └─────►激活核心论断◄──┘          哪些因素强
                    │                     化了低自尊
    ┌───────┐       │      ┌──────────┐
    │ 抑郁  │       │      │ 负面预测  │
    └───────┘       │      │ 担忧      │
         ▲          │      └──────────┘
    ┌────────┐      ▼            │
    │无益的行为│   焦虑           │
    └────────┘                   ▼
         │              ┌──────────────┐
    ┌─────────┐         │  无益的行为   │
    │自我批评想法│        │ 例如：回避；  │
    │  无望     │        │ 不必要的预防  │
    │ 沉浸其中  │        │ 措施；扰乱；  │
    └─────────┘         │ 低估成功      │
         │              └──────────────┘
         ▼                    │
┌─────────────────────────────────────────┐
│              证实核心论断                │
│ 例如：我就知道是这样，我确实很差/        │
│ 一无是处/愚蠢/不够好等等                 │
└─────────────────────────────────────────┘
```

图 2-1　低自尊版图

随身带一张纸或一个笔记本（电子设备也行），阅读过程中，记下你的任何感想，包括想法、回忆、直觉等，都会大有帮助。其目的是帮你理解：为何**你**会对自己产生那样的看法，识别并理解导致你低自尊的经历。你会发现，你对自己的看法是你经历的自然产物——任何与你人生经历相同的人都很可能持有类似的看法。

理解上述观点是改变的第一步。你将开始理解：你给自己所下的"判词"（可能是多年前形成的）如何影响了你长久以来的所思所感以及行为。下一章将帮助你理解你现在的行为如何维持你的低自尊，即确立已久的反应模式如何阻碍你改变自我信念。

按照认知行为视角理解低自尊是做出改变的第一步，也是至关重要的一步。你可以利用这样的理解，来观察自己的日常反应。当你了解问题如何运作之后，当问题发生时，你就可以实时观察。你将逐渐意识到：这种强迫性的无益观念，实际上只是旧的、无益的思维习惯。当这些想法出现时，你将慢慢学会说"哦，又来了"，而不是毫无质疑，直接默认这样的想法就是事实。当你学会说"又来了"时，你就不再只是单纯沉溺于自己痛苦的思维模式中，而是稍稍退后了一点，开始意识到自己不必执着或受困于这样的想法，或者对它们坚信不疑。

理解上述观点的主要意义是让你意识到，看法是可以改变的。剩下的几章将更加详细地论述如何做出改变，如何瓦解旧的负面自我信念，建立并加强更正面、更友善、更宽容的自我信念。

经历如何导致低自尊

认知行为疗法基于下述观点：自我信念（甚至对他人或对生活的信念）全是习得的，都根植于经历。你的自我信念可以看作基于你的经历得出的结论。也就是说，不论这些信念现在看上去多么无益或过时，但是，鉴于你过往的经历，它们都是可以理解的，它们一度是"理所当然"的。

这种习得的源头很多，包括直接经验、观察、媒体及社交媒体、听人言、观人行等等。关于自我信念的关键经历通常（尽管不一定）发生在生命早期。你童年期在原生家庭、所处社会、学校及同侪之间的见闻及经历会影响你的思考方式，并延续至今。许多不同的经

表 2-1　导致低自尊的经历

早期经历：
- 蓄意的惩罚、批评、忽视或虐待
- 无法达到父母的标准，或者被"恶意"地与他人做比较
- 无法达到同龄群体的标准
- 遭到欺凌（包括网络欺凌）
- 他人压力或痛苦的承受者
- 家庭或所属社会群体处于不利地位（例如经济条件不佳、患病、遭遇歧视或敌意）
- 某些需求得不到满足（如缺乏表扬、喜欢、温暖、关心），无法建立安全感
- 在家里"格格不入"
- 在学校"格格不入"

稍晚一些的经历
- 职场恐吓或欺凌、情感虐待、持续的压力或逆境、暴露于创伤性事件
- 一些重要的事情逐渐发生改变，威胁到你的自我认同（例如失去健康、容貌被毁、失去赚钱能力等）

历都可能让你对自己产生不良的看法，表 2-1 列出了其中的一部分，接下来会一一详述。

蓄意的惩罚、批评、忽视或虐待

你的自我信念以及对自我价值的认识，可能是你生命早期如何被对待的结果。如果儿童遭受恶劣的对待，他们常会认为这反映了他们自己的不是：他们会认为，问题肯定出在自己身上，自己一定是活该。如果你常被批评或惩罚（当批评或惩罚超过限度、不可预料或者让你觉得莫名其妙时，尤其如此），如果你被忽视、抛弃或虐待，这些经历都会留下心理创伤。它们会影响你看待自己的方式。

布里奥妮七岁时，父母死于一场车祸，她的伯父和伯母收养了她。她的继父母已经有两个年长的女儿。布里奥妮变成家里的替罪羊。任何事出了问题都归咎于她，她动辄得咎。布里奥妮是一个可爱的小女孩，她想要取悦人。她拼命想要表现得好一点，可一切都是徒劳。她每天都面对新的惩罚。她被禁止和朋友接触，被迫放弃她钟情的音乐，被迫分担过多的家务。布里奥妮越来越困惑。她无法理解为什么自己做的任何事都是错的。

她 11 岁的一个晚上，继父半夜悄悄潜入她的房间，用手捂住她的嘴，并强奸了她。他告诉她，她很脏、恶心，这是她自找的。还威胁她说：她即使跟人说这件事，也没人会相信她，因为别人都知道她是个脏的小骗子。之后，只要在家里，她都蹑手蹑脚，非常恐惧。似乎没人留意或者对她表示关心。她的自我信念凝固在那一刻：她觉得自己很糟糕。其他人也知道她很糟糕，并因此恶劣地待她。

无法达到父母的标准，或者被"恶意"地与他人做比较

布里奥妮的经历非常极端，但是不一定非要遭受这种程度的蓄意虐待，才会发展出不良的自我信念，比这轻得多的惩罚和批评同样会留下印记。如果他人对待你的方式，让你觉得自己做任何事都不够好，他们只会挑剔你的错误和弱点，完全忽视你的成功和长处，取笑你、嘲弄你、奚落你，或者让你感觉自己很渺小，所有这些经历（即使相对轻微）都可能让你产生一种感觉：你从根本上出了些问题，或者，你在某些方面有所不足。

拉吉夫的父亲是一位银行职员，人生最大的理想是升任经理，可是从未实现。他把这归咎于拉吉夫的祖父母：觉得是他们不够重视他的学业，才导致自己人生失意。他们似乎从不关心他在做什么，就算他逃学、不做家庭作业，他们也不管。他立誓不让自己的小孩重蹈覆辙。每天吃晚餐时，他都会盘问他的子女们学了些什么。每个小孩都要回答，并且答案必须令人满意。

拉吉夫记得，只要看到他父亲的车出现在自家车道上，他就会感到恐惧。这表示他又将面临一场拷问。他知道自己脑子到时候肯定又是一片空白，他将无言以对。这种时候，他父亲的失望将明显写在脸上。拉吉夫觉得是自己让父亲失望了。他感觉自己活该承受接下来的拷问："你看看你二叔家的孩子，怎么就不能学学人家？""如果你不能有所进步，你人生将一事无成。"在拉吉夫内心深处，他认同父亲的说法。他清楚地知道自己不够好：他永远不会成功。

无法达到同龄群体的标准

儿童和年轻人很容易受到影响，不仅是强烈地受到父母隐性或显性的标准影响，同时，他们还会被同龄人的要求影响。特别是在青春期，自己是一个独立个体的感觉逐渐形成，性别认同也正在形成，趋同的压力可能非常大。纸媒和社交媒体不断宣传"偶像形象"，可能会强化这种压力：你应该长这个样子，你应该购买这样的东西，你应该有这样的志向。觉得自己未达到这些标准可能是一个痛苦的经验，可能会对自尊产生持久的影响。

伊维是一个身体结实且精力充沛的魅力女生，她喜欢运动，喜欢舞蹈。她成长的那个年代，女性的理想身材是苗条修长。尽管她一点也不胖，伊维的自然体型仍与时髦的理想身材相差十万八千里。她母亲想增强她的自信，所以跟她说"你体格健美"，她母亲原本是希望她自我感觉好一点，可是这一笨拙的努力反而适得其反。"体格健美"不是她想要的。在学校，那些出尽风头的女孩把伊维当空气。伊维也知道有一些女生，仅仅因为自己的长相就受到网络欺凌，因此不敢上社交媒体。甚至伊维的朋友们，也无不追捧那种修图过度的名人长相。她们都热衷于时尚，花费大量时间购物和试穿衣服。伊维想要加入她们，可是，她总感觉极其痛苦，尴尬且局促。每面镜子都在嘲笑她的身形与理想身形相差多大。她的宽肩膀和浑圆的臀部完全就是个错误。

伊维决定节食。开头几周，她减了几磅。她的朋友觉得她看上去很棒。伊维很高兴，继续限制自己的饮食来减肥。但是，不知怎么回事，不论她如何努力，她就是瘦得不够。并且，她总是很饿。最后,她放弃了,并且又开始正常饮食,甚至暴食。这开启了她此后持续一生的节食与暴食交替的饮食模式。伊维终其一生都不满意自己的长相。她认为自己既肥且丑。

遭到欺凌(包括网络欺凌)

如果你不幸成为欺凌的目标,包括面对面的欺凌和网络欺凌,那么你不如同侪、做自己不 OK 的感觉会被放大。伊维对社交媒体的恐惧不是没有道理的。面对面的欺凌可以对一个人的自尊造成持久伤害,网络欺凌的伤害可能更大。这种伤害在人生的各个阶段都可能发生,就算非常成功的成年人,也可能遭到匿名的恶毒攻击,但年轻人的成人身份认同仍然处于"构建"之中,因此可能更加脆弱,那些已经对自我价值感到怀疑、十分在意他人对自己看法的年轻人尤其如此。

网络和社交媒体是极为强大的资源,可以供你探索、学习、娱乐、和不在身边但仍然关心你的人保持联系,还可以让你认识各式各样来自世界各地的人。不过,其有害影响也不少:

- 网络和社交媒体能施加一种压力,让你觉得自己必须创造(并持续不断编辑)一个完美的网络身份,朋友很多,过着一种激动人心而且很酷的生活,让人羡慕嫉妒,但这样的网络身份是虚假的,这样的生活是虚构的。
- 它们促使你产生一种想法:你的价值决定于其他人对你的看法,而不是你接受并重视真实自我的内在能力。
- 当对你发出攻击性信息的人不仅限于你认识的一小群人(例如同学和同事),而是成百上千,甚至成千上万的网友——他们中的绝大多数都完全不认识你,不知道你是什么样的人,不知道你所处的环境，但是都觉得自己有权评断你、贬低你，这种情况下，你受到的羞辱将被放大。当个人隐私信息（包括照片）被大范围传播时，更是如此。

- 网络欺凌具有很大侵入性。无论你在哪，无论白天黑夜，只要你看手机或玩电脑，就会看到欺凌信息，你无处可逃。
- 网络的匿名性，让恶毒无上限，通常还不用承担后果。已有研究表明，在网上，人们更容易失去自制，更容易对不幸的受害者发起毫无同情心的攻击，做出那些在线下绝不可能做的行为。
- 你可能因为受到伤害太大或者过于羞耻，而无法寻求帮助，这样你就更加无法意识到：你的遭遇更多是别人的问题，而不是你的问题。

网络欺凌和虐待的恶果已经明显影响到年轻人的心理健康。一项针对 11 个国家，5000 名青少年的调查显示，有 1/5 的受访者表示遭遇过网络欺凌。他们中将近一半的人因此觉得抑郁和无助。更糟的是，其中 1/5 的人有过自杀念头。更加悲剧的是，他们中的一小部分人确实结束了自己的生命。

他人压力或痛苦的承受者

即使是在友爱的家庭，父母都发自内心真正欣赏并重视他们的小孩，环境的改变有时候也能导致压力和痛苦，并对小孩造成持久的影响。在儿童早期，一定程度的淘气、缺乏自控或笨手笨脚都是正常的，但紧张、忧愁或心事重重的父母，可能对此极没耐心。

杰克曾是一个精力充沛、爱冒险且好奇的小男孩。他一学会走路，就什么都想试试。不论什么时候，不论什么事，只要吸引了他的注意力，他都会跑过去"研究"一番。他不知道什么是害怕，甚至还在学步时，也会毫不犹豫地上树下水。他母亲常说，她需要背后多长双眼睛，才能时刻盯住他。杰克的父母对他的冒险和探寻精神感到自豪，并且认为他逗趣可爱。可是，杰克三岁时，他父母又生了一对双胞胎。杰克的父亲在这个当口又丢了工作，迫不得已换了一份薪水比原来低得多的工作。他们一家原本住在一栋带小花园的房子里，现在也不得不搬到一间四楼的小公寓。因为新添了两个婴儿，事情变得混乱不堪。杰克的父亲觉得自己薪水陡降，变得阴郁且易怒。他的母亲总感觉很累。在公寓狭窄的空间里，杰克的精力无处发泄，他的兴趣和好奇唯一的后果是把事情搞得一团糟。

他变成了怒气和挫折的靶子。因为他还小，不懂为何一切都变了。他尽力强迫自己安安静静坐着不动，不去惹麻烦，但最后都是以被呵斥收场，次次如此，有时还会挨打。他每次像以前那样释放自己天性，都会被说成是调皮捣蛋、不听话以及无法控制。即使是长大后，只要碰到他人的不认可或批评，他仍然能感到小时候那种被拒绝以及绝望的感觉——简言之，一切都不对劲了。

你家庭的社会地位

可能你的自我信念不仅是简单基于你个人如何被对待。有时候，低自尊更多是一个人及其家庭生活方式，或者其所属群体特征的产物。例如，如果你的家庭十分贫困；如果你的父母面临严重的困境，周围人因此瞧不起他们；如果你所属的种族、文化或宗教团体，处于敌意或蔑视的中心，你可能受这些经历的影响，长期感觉自己低人一等。

亚伦就是这样。他的故事表明，一个活泼讨喜的小孩，也会觉得自己毫无用处，因为他的家庭受到社会的排斥。

亚伦生在一个流浪者家庭，在七个小孩中排行第四。他由母亲和外婆抚养长大，没有一个稳定存在的父亲角色。他们生活艰辛。家里一直都很拮据，没有任何形式的积蓄。亚伦的外婆是十分显眼的一个女人，有一头明亮的白发，总是借酒浇愁。亚伦清楚记得自己匆匆过马路上学的情景，他外婆把两个婴儿勉强塞进童车，较大的小孩和其他蹒跚学步的小孩尾随于后。生活拮据意味着，所有的小孩都要穿二手衣——挨个传下来的衣服。他们的运动衫肮脏不堪，鞋子破破烂烂，脸脏兮兮的，头发毛躁。他外婆时不时停下来，大声喊叫较年长的小孩，催他们快点跟上。

深植于亚伦脑海的一副画面是：迎面走来的人看到他们一家老小接近时，脸上露出的那种表情。他可以看到他们撇嘴、不屑地皱眉，避免眼神接触。他可以听到他们窃窃私语，品头论足。在学校也同样如此。操场上，其他小孩和父母看到他们，都会避而远之。

亚伦的外婆也知道其他人的态度。她以自己凶狠的方式保护着家庭，她会咆哮、咒骂，口出恶言，厉声威胁。

整个学生时代，亚伦都感到深深的羞耻。他觉得自己是一无是处的被驱逐者，他唯一的防御是攻击。他经常打架、群殴，不能专心于功课，没拿到任何文凭，并且和其他毛头小子混在一起，游走在法律边缘。他仅在成功打破规则——偷窃而没被抓住或者打了人没遭到报复时，自我感觉才会好一点。

某些需求得不到满足，无法建立安全感

上述痛苦的经历显然会让人感觉自己糟糕、不够好、低人一等、弱小或者不招人喜欢。然而，有时候重要的经历并不那么明显。这会让你疑惑自己为什么会有这样的自我感觉。你童年时期没发生过这么极端的事——为什么你还这样质疑自己的价值？

可能的原因是，问题不是因为发生了戏剧性的"坏事"，而是因为那些能让你自我感觉良好的日常"好事"的缺席。例如，可能你没有受到"足够"的关心，"足够"的表扬，"足够"让你表达自我的鼓励，"足够"的温暖和喜爱，当事情出错时"足够"的安慰与安抚，当你生病或生气时"足够"的关怀或关注。简言之，没有"足够"的信息让你知道：真实的你是被爱的、被需要的以及被重视的。也有可能你父母非常保护你，不让你遭遇挑战和烦恼，为你安排好了一切，让你可能没有机会锻炼勇气和抗挫折能力，没有机会获得一种感觉：自己有能力独立面对人生起伏。所有这些经历都可能影响你的自我信念。

凯特出生在一个严格的中产家庭，由年老的双亲抚养长大。本质上，她父母都是好人，尽自己最大努力给自己的独生女提供好的教养，以及一个良好的人生开端。但是，他们从小接受的价值观让他们难以坦诚表达情感。他们表达爱的唯一方式是关注她的实际需求。因此，他们善于督促凯特完成家庭作业，确保凯特吃得好，穿得好，有大量好的书籍和玩具。

凯特长大一点后，他们送她去好学校，送她参加女童军，送她去学游泳，并且出钱让她和朋友去度假。但是，他们几乎从没触碰过她——没有拥抱，没有亲吻或爱抚，没有昵称。刚

开始,凯特几乎没意识到这个问题。但是,一旦她注意到其他家庭是如何坦诚地表达爱,她就开始在家里体会到悲伤的空虚。她竭尽所能地想要做出改变。并肩走路时,她试着牵住父亲的手——但,她只注意到,父亲会尽快不着痕迹地把手抽开。她尝试拥抱母亲——但,她只感觉到,母亲身体变得僵硬。她尝试谈论自己的感受——但,她只看到,父母一脸尴尬,并迅速转移话题。

凯特最后的结论是,父母的这些行为,肯定是她身上一些问题的反映。她的父母尽了义务,但仅此而已。这肯定表明,从根本上来说,她是不招人喜欢的。

在家里"格格不入"

另一种更微妙的可导致低自尊的经历是"格格不入",即不能很好地"融入"你的原生家庭。可能你是一个学术型家庭中的艺术型小孩,或者一个安静的家庭中精力充沛、热爱运动的小孩,或者一个繁忙活跃的家庭中热爱阅读和思考的小孩。或者,成长过程中,你发现父母和兄弟姐妹较为传统,可能无法接受或赞同你的性取向。你或他们都没什么特别的问题,但是因为某些原因,你与家庭模板不"匹配",或者不符合"家规"。可能的情况是,你除了善意地调侃或轻微的不解外,也没什么别的大事。但,有时,处于这种情形中的人会产生一种感觉:与众不同意味着怪胎、不受欢迎或低人一等。

林是一个杰出的艺术家。然而,她的父母都是老师,且认为取得学术成就是人生头等大事。他们明显对她的两个哥哥更满意,她这两个哥哥从小学习就好,大学也表现优秀,最后一个做了医生，一个成了律师。但是，林却只是一个表现平平的学生。她在学校的表现也没什么特别的差错——她只是没达到她父母的高期望而已。

林真正的才华隐藏在她的双手和双眼中。她会画画，她的大学生活充满活力，多姿多彩。林的父母也曾试着欣赏她的艺术天赋，但是说到底，他们还是把她的作品视作雕虫小技——纯粹是浪费时间。他们从来没有公开批评过她，可是他们听到兄长们取得的成就时，她能看到他们脸上放出的光彩。而当她把自己的艺术作品给父母欣赏时，他们都是随便敷衍一下，她忍不住比较父母截然不同的态度。他们似乎总有更重要的事要做，而不是仔细欣赏她的作品，说上一句："很棒，亲爱的。"

林的结论是，她比其他更聪明的人要差一等。作为一个成年人，她难以珍视自己的天赋或者在其中获得乐趣；身为艺术家，她倾向于为自己的作品感到有所歉疚，并且低估它们。和别人在一起时，她只要觉得对方比自己更聪明或者受教育程度更高，她就会沉默不语，内心都充斥着自我批评的想法。

在学校"格格不入"

不能融入自己的原生家庭让人难以自我感觉良好，同样地，在学校也是如此，某些方面与他人不同也能让人觉得自己怪异或低人一等。前面伊维的例子就说明，学校可能是一个"苛刻"的环境。我们必须融入，必须和所有人都和谐相处——无论我们喜不喜欢对方。我们必须面对考试和作业。我们必须穿对的衣服，留对的发型，听对的音乐，而大众媒体和社交媒体有意塑造"偶像形象"，他们的理想长相和理想生活，都让这种压力加剧。

某些方面与众不同的小孩和年轻人可能受到残酷的取笑和排斥。

对许多小孩来说，与众不同是种错误。外貌差异（如肤色、戴眼镜）、心理"妆饰"差异（如害羞、敏感）、行为差异（如口音不同；跟父母关系亲密并且表现出来——在同龄人中，这很不"酷"）以及能力差异（如明显聪明一些、学校作业得心应手，学习迟缓）均是如此。在这些方面与众不同，都会让小孩觉得自己肯定哪里出了错——他们肯定未达到标准。

汤姆学龄前都非常开心。但是，因为他患有阅读障碍（没有确诊），所以一进学校就遇到困难。除了他，班上所有小孩的阅读和写作都很优秀，只有他掉队了。对于学业，他却始终不得要领。学校安排了一名老师给他开小灶，并且不得不针对他专门实施一项不同的家庭阅读计划。

其他小孩开始嘲笑他，给他取难听的绰号，他变成班级里的小丑。他是那种任何时候都可以被幼稚的恶作剧作弄的学生。老师也开始对他失去耐心，并把他的学习困难贴上懒惰和吸引注意力的标签。当他的父母被再一次叫到学校讨论他的行为，他的解释是："你们还指望什么？我就是蠢啊。"

迟发型低自尊

尽管低自尊通常可以在童年或青春期的经历中找到根源，但认识到"凡事有例外"也很重要。即使是非常自信的人，对自己抱有非常积极、正面的看法，其自尊也可能被人生中较晚发生的事情瓦解，前提是这些事情的影响足够强、足够持久。例子包括职场恐吓或欺凌，困于暴力婚姻，长期受不间断的压力或经济困窘折磨，暴露于创伤性事件等。还有一些不那么"戏剧化"的改变也会影响自尊，如果某件事对一个人的自我认同非常重要，一旦失去，就会影响其自尊（例如健康恶化、身材走形、容颜老去、赚钱能力不如从前等等，前提是这些事情对你自我感觉良好至关重要）。

迈克的故事就展现了坚实的自信如何以这种方式被瓦解。迈克是一名消防员，他亲历了许多事故和火灾，也救过好多人，这些都是他工作的一部分。他有一个稳定、快乐的童年，父母对他的爱与珍视，他都能感受到。他觉得自己既强大又有能力，能够处理生活中遇到的任何事情。因为有了这样的信念，尽管他的工作艰苦、危险、要求苛刻，他仍能取得成功，生活中也乐观开朗。一天，迈克驾车行驶在一条繁忙的街道上，前方一个女人突然走下人行道，被碾到了他的车轮底下。尽管他紧急刹车，可这名妇女仍然严重受伤。迈克总是随身携带急救箱，所以他从车上下来，看看能不能做点什么。很快，路人都聚拢过来帮忙，也有人打电话叫了救护车，可迈克越来越感觉不适和震惊，并且退回到车上。

迈克和许多遭受或目睹了恐怖事故的人一样，开始出现创伤后应激症状。他不断在脑子里回放这场事故。他发现这名受害者"阴魂不散"：无论睡觉还是醒着，他都无法把她从自己脑子里赶出去。他饱受内疚折磨，他觉得自己当时可以更快刹车，他觉得自己本应该陪着受害者直到最后。他变得紧张、易怒、痛苦，完全变了一个人。

迈克惯常解决困难的方法是告诉自己生活要继续，因此他必须把困难置之脑后，并且活在当下。因此他尝试不去想那起车祸，尝试超越自己的感觉。不幸的是，他始终无法坦然接受这起事故。他开始觉得自己的品性从根本上发生了改变，并且是变坏了。他没能阻止事故发生，他退回到了车里，他不能控制自己的感受和想法，以上这些事实均表明，他根本不是一个强大能干的人，他之前的自我认同完全错了，他实际上软弱且有所欠缺，是一个可悲的残缺者。

但是，能影响一个人自尊的事件，不一定非要如此突然、如此戏剧化。渐进的丧失和变化也能产生重大影响，前提是丧失和改变的是一个人自我价值的基础。

玛丽是一个细心敏感的人，对他人的需求十分敏感，也乐于助人。从小就一直有人夸她"细心体贴"，这也让玛丽觉得"细心体贴"就是自己的本质。实际上，她本身也很喜欢帮助他人，所有认识她的人，都很称赞她的细心体贴与友善的行为。但是，随着年龄渐长，她的健康状况、她的体力精力都一日不如一日。在行动上，她无法再像以前一样照顾家人、朋友和邻居。因为她初心不改，她仍然是一个好的倾听者，能给予他人很多精神上的支持，但行动上的力不从心还是让她越来越沮丧：她总是自问"我到底还有什么用处"？得到的答案总是：毫无用处。

连接过去和现在：核心论断

上面这些故事全都阐释了经历如何形塑自尊。在人们成长过程中，重要他人的声音一直相伴左右，不一定是父母的声音，其他家庭成员（比如祖父母或哥哥姐姐等）、老师、保姆、朋友以及同学，都可以对自信和自尊产生重要影响。我们可能丝毫不差地模仿他们的严厉语调批评自己，默认、接受他们给自己取的不友好绰号，以及像他们一样，拿自己与其他人或者"你应该怎样怎样"的标准做比较。换句话说，我们现在的自我信念通常直接反映了我们童年时接收到的信息。

如果再次接收到类似信息，我们可能会重新体验到最初出现在生命很早期阶段的情绪和身体感觉，以及"心眼"所见的画面。例如林，当她为展览提交画作时，会听到她母亲不厌其烦的声音（"好吧，亲爱的，如果你确实喜欢画画的话"），同时体验到和小时候一样的不祥预感。杰克，当他精神状态最好、精力最充沛且灵感迸发时，"心眼"前会突然闪过他父亲扭曲、咆哮、愤怒的面孔，并且瞬间感觉不对劲、不适、泄气。这些源自痛苦回忆的闪回画面，无比生动、真实，就仿佛此时此刻正在重演，让你觉得事情一如往常，什么都没改变：让你再次确认，你对自我的看法真的无比正确。

为什么会这样？毕竟生活在继续。我们不再是小孩，成年后也有了新的阅历。那么，为什么这些久远的事件仍然影响着我们现在的状况？

答案就是，我们的经历打下了一个基础，让我们对自己下了一

表 2-2　核心论断

布里奥妮	我很糟
拉吉夫	我不够好
伊维	我又肥又丑
杰克	我做什么都是错的
亚伦	我一无是处
凯特	我不招人喜欢
林	我不重要；我低人一等
汤姆	我就是蠢
迈克	我强大且能干→我很可悲
玛丽	我细心体贴→我毫无用处

个一般性的"判词",对自己"作为人的本质"方面做出了评断。我们可以称这些"判词"为"核心论断"。核心论断是处于低自尊核心的自我信念。核心论断通常可以归结为一个句子,一个以"我(I am)……"开头的句子。回头看看你在前面几页读到的故事。你能总结出他们的核心论断吗?

他们发展出了令自己痛苦的自我信念,而这样的自我信念直接源自他们的经历。鉴于发生在他们身上的事,他们对自己的看法十分"理所当然"。但是,当你读他们的故事时,**你**同意他们对自己的看法吗?**你**认为布里奥妮很糟吗?认为拉吉夫不够好吗?认为伊维既肥且丑吗?认为杰克本身就是个错误吗?就**你**的看法,亚伦真的一无是处,应该被社会排斥吗?**你**同意凯特不招人喜欢、林微不足道且低人一等、汤姆愚蠢、迈克可悲、玛丽毫无用处吗?

作为一个旁观者,你可能会毫无疑问地认为:发生在布里奥妮身上的事不是她自己的责任;拉吉夫父亲自身的需求蒙蔽了他的判断;伊维唯一的缺点是没有达到一个错误的理想标准;杰克父母因为自身的困境,无法继续发现杰克身上招人喜爱的品质,杰克的优势反而变成他们压力的来源,他父母因此改变了对他的态度。你可能清楚亚伦不招人喜欢不是他自己的错;凯特父母由于自身的局限,无法完全表达对凯特的爱;林父林母关于"优秀"的标准很狭隘,阻碍了他们对她天赋的欣赏;汤姆学习迟缓与愚蠢无关;迈克的痛苦是对恐怖事件正常合理的反应,而非他软弱的标志;尽管玛丽因为健康原因,不能再像以前一样从行动上表达"细心体贴",但玛丽仍然是一个细心体贴的人。

现在,想想你对自己的看法,以及导致这些看法的经历,包括你成长过程中的经历,也可能是你生命较晚阶段的经历。你觉得自己的核心论断是什么?当你自我批评时,你是怎么评价你自己的?

当你生气或受挫时，你责备自己什么？你身边的人生你气或者对你失望时，他们用什么样的词语描述过你？你从父母、其他家庭成员或同龄人中，获得过关于你自己的什么信息？如果让你用一句话概括你自我怀疑的本质（"我 _____"），这句话会是什么？

记住，你的核心论断不会毫无来由。你不是天生就对自己有负面看法。对自己的看法是基于你的经历。到底是什么经历呢？你回忆一下：当你第一次出现当前这样的自我信念时，你脑中出现的是什么？有没有一件事固化了你对自己的看法？你有任何特殊的记忆吗？或者，有一系列不同时间发生的事件？或者，可能是一个笼统的氛围，例如冷漠或者否定？记下你的想法。以后你会用上这些信息，作为你改变自我信念的基础。

了解低自尊的源起是做出改变的第一步。你很可能已经发现，布里奥妮及另外几个人的自我论断是基于对自身经历的错误解读。鉴于他们做出这一论断的时候，还不具备成年人的经历，无法获得一个更宽容、更现实、更具同理心的自我信念，或者他们太痛苦，以致无法清晰地思考，因而他们的错误解读非常站得住脚。

这是"核心论断"——低自尊核心——的关键。不管核心论断看上去多么强有力、多么具有说服力，不管它多顽固地根植于以往经历，核心论断通常都有偏差，都是不准确的，因为它是基于儿童的视角。如果你的自信从来都很低，那很可能当你形成自己的核心论断时，你还太小，不知道说"稍等一下"，然后退后，仔细审视它，对它提出质问；简言之，你无法意识到那只是一种观点，而非事实。

想想你自己的核心论断。有没有可能你对自己所下的论断也是基于类似的误解？不是自己的错，却责怪自己？为其他人的行为负责？把具体的事情当作你为人一无是处的标志？在你阅历不够丰富时，就早早接纳他人的标准，但无法察觉这些标准的局限？你想象一下，如果有一个人和你有同样经历，你会对他做出同样的负面评断吗？还是会得出不一样的结论？你会如何理解并解释发生在你身上的事，如果这些事是发生在你尊重和在意的人身上呢？

在这个阶段，你可能难以获得任何不同的看法。一旦核心论断形成，你将很难意识到：事实上，核心论断只是你很久以前形成的一种观点，是一种旧的、毫无帮助的心理习惯，进而，你可以与它们疏离，对它们提出质疑并实施检验。这是因为，系统性的思维偏向会维持，甚至加重核心论断，还会让你更容易注意并重视符合核心论断的事情，同时引导你摒除并忽视不符合核心论断的事。基于核心论断是正确的假设，核心论断还会发展出生活规则：面对自己、他人及世界的策略。

思维偏向

两种思维偏向可保持核心论断持续不衰：知觉自我的偏向（知觉偏向），以及对你见闻的解释偏向（解释偏向）。

知觉偏向

当你的自尊偏低时，你就被"设置"为：凡是符合你负面自我信念的事，你都能注意到。你会迅速发现对自己不满意、不喜欢的事，可能是外貌方面的（如你的眼睛太小）、你的性格（如你不够开朗），或者是你犯的错误（"不能再这样了。我怎么能如此愚蠢？"），或者你没能达到某些标准或做到完美（如某次作业没有做到百分之两百的完美）。你所有的毛病、缺陷和弱点都跳出来，给你迎头一击。

相反，你会自动摒除任何不符合你一般性自我信念的事。你难以清楚地看到自己的优势、品质、资本以及技能。最终的结果是，总体上，你整个人生的焦点都是你做错了什么，而不是你做对了什么。

解释偏向

低自尊不仅使你的自我知觉产生偏向，同时，还会扭曲你对所见所闻的解释。如果某事不对劲，你可能会以此为基础，对自己做出过度泛化的全局性评断。通常的情况是：你会觉得"都是我搞砸了"，诸如此类。因此，对你而言，即使非常琐碎的错误和失败可能都反映了你作为一个人的价值，并因此（从你的角度来看）对你的未来具有重要影响。中性，甚至是正面的经历也可能被扭曲，以印证你对自己一般性的看法。例如，如果有人好意称赞说，你看上去气色很好，你可能心里暗自下结论说：在此之前，你气色肯定都很差，或者完全将这一好意扭曲（例外证实规则——这次例外的称赞证明我气色一直很糟，他们只是客套等等）。你的思维始终偏向于自我批评，而非鼓励、欣赏、接纳或称赞。

最终的结果

这些偏向共同作用，使得你的低自尊得以维持，图 2-2 概括了这一过程。因为你基本的自我信念是负面的，你便预测事情会以负面的方式推进（我们将在第 4 章进一步探讨细节）。这一预测使你对一类信号特别敏感，也就是事情确实按你的预测发展的那些迹象。此外，不管事情最终结果如何，你都会给它一个负面的解释。结果，你对过往事情的记忆，都会朝负面的方向偏斜。这将加强负面的自我信念，同时让你更倾向于对未来做出最坏的预测。

这些持续的思维偏向使你不能意识到自我信念只是一种看法，这样的看法源自你的经历，因此可能足够正确，甚至具有很强的

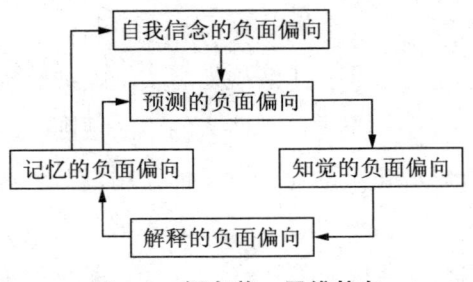

```
    ┌──────→ 自我信念的负面偏向 ──┐
    │             │             │
    │             ↓             │
    │         预测的负面偏向 ←───┤
    │             │             │
记忆的负面偏向      │      知觉的负面偏向
    │             ↓             │
    └────── 解释的负面偏向 ←─────┘
```

图 2-2　低自尊：思维偏向

说服力，但终究是一种"看法"。而且，看法越是基于有偏向的视角，就越偏离真实的你。美国一位认知治疗师克里斯汀·帕德斯基（Christine Padesky）提出，持有负面自我信念，就类似于对自己抱有偏见。这种偏见的核心就是：忽视与偏见相悖的任何事实，完全倚赖支持偏见的证据。偏见可能非常具有说服力，与其实际价值极不相称。在我们周围，有很多这样的例子：对某些种族文化或宗教群体的偏见，对特殊年龄段、社会性别或性倾向的偏见。这种没有真实证据基础的偏激观点，可能带来排斥、暴行，甚至引发战争。

低自尊同样如此。你自我信念中的偏差（对自己的偏见）使你的负面看法持续，让你焦虑、不快乐，限制你的生活，妨碍你获得一个更友善、更具同理心、更平衡、更宽容且更准确的对"真实自我"的看法。

生活规则

即使你认为自己某些方面能力不济或有所不足，没有魅力或者不招人喜欢，或者就是不够优秀，你仍然要生活下去。生活规则就能帮你生活下去。生活规则可以让你自我感觉颇为良好——只要你服从其"条款"。也就是，尽管抱持核心论断中的那些信念，生活规则能让你在生活中游刃有余些。

然而,矛盾之处在于,生活规则事实上能维持核心论断,因而使低自尊持续。考察一下之前那些人的生活规则,可能有助于你理解它们是如何在核心论断的背景下发挥作用,以及它们实际上如何"维护"自尊。

他们发展出的生活规则(见表2-3)可以被理解为,在认定核心论断正确的基础上,试图"得过且过",是一种"例外条款"(escape clause)①。如果你想自我感觉良好,你就必须按照生活规则来,它规定了你行为必须如何、必须扮演什么样的角色。所以,遵守规则不是你的选项之一,而是无论什么情况下,你都必须遵守。

日常生活中,生活规则被表述为具体的处世之道或策略。例如,布里奥妮的规则包括害怕被别人利用,以及倾向于隐藏真实的自我,因此,她采取逃避亲密关系的策略。她尽可能避免社交,如果被迫与人相处,她会选择轻松的聊天话题,避免谈到有关她的问题。她时刻保持警惕,防止有人逼迫她去做不愿做的事,她还极度保护自己的个人空间。

需要特别强调的一点是:这样的策略在一定程度上有效。例如,拉吉夫的生活规则是高标准以及害怕失败与批评,这让他一以贯之地以高标准要求自己,这让他在职场中大获成功。但是,他也为此付出了代价。他的生活规则让他的压力与日俱增,他无法放松,无法享受自己所取得的成就。另外,他追求卓越的需求,注定了工作会霸占他的生活,让他丧失人际关系和休闲时间。

在第7章,你将有机会更深入地了解生活规则:生活规则对你

---

① "escape clause",指在特定情况下允许合同一方违背合同的条文。——译者注

表 2-3　生活规则

	核心论断	生活规则
布里奥妮	我很糟	如果我让人靠近我，他们会伤害并利用我 我绝不能让任何人看到真实的我
拉吉夫	我不够好	除非我总是万无一失，否则我的人生将会一事无成 如果有人批评我，就表明我失败了
伊维	我既肥又丑	我的价值全在于我长相如何，体重多少
杰克	我不受欢迎	我必须时时刻刻严格自控
亚伦	我一无是处	反击才能生存 不论我做什么，都不会有人接纳我
凯特	我不招人喜欢	除非我事事迎合他人，否则我会遭到排斥 就算我表达需求，我也不会得偿所愿
林	我不重要	如果有人对我不感兴趣，那是因为我不值得他关注
汤姆	我低人一等 我就是蠢	如果得不到他人的认可，我做的任何事都毫无价值 与其尝试后失败，不如不尝试
迈克	我强大且能干 ↓ 我很可悲	我应该有能力处理人生中任何棘手的事情 受自己情绪控制是软弱的象征
玛丽	我细心体贴 ↓ 我毫无用处	除非我照顾他人，否则我将一无是处

想法和感觉的影响，你如何掌控自己的生活，如何改变它们，以及如何从生活规则强加给你的约束中解放自己。

本 章 总 结

1. 你的负面自我信念（你的核心论断）是观点，而非事实。

2. 它们是你基于经历（通常是早期经历，但也不一定）对自己作出的论断。许多经历都能引发负面自我信念，包括遭受负面经历，以及正面经历的缺席。

3. 一旦核心论断"就位"，就很难改变。这是因为其依靠思维偏向维持和加强，思维偏向即很容易注意到与核心论断一致的经历，并赋予其重要性，而与之相悖的经历则会被忽视，或者"大打折扣"。

4. 核心论断还会发展出生活规则——为了自我感觉"舒适"，你必须遵守的标准或指南。在认定核心论断正确的条件下，这些生活规则帮助你应对这个世界。事实上，它们维持着你的低自尊。

第3章
低自尊何以维持

引　言

负面自我信念或许可在过去寻找到根源，但其影响延续至今。否则，你也不会翻开这本书！本章将帮助你理解，你的日常思维模式及行为模式如何维持你的低自尊，如何妨碍你放松地体验人生，以及如何妨碍你重视并欣赏自己。

当你可能打破生活规则，核心论断就会被激活，一个恶性循环因此被触发。本章的主题就是这一恶性循环（见54页图3-1），它看上去很复杂，但是别担心，接下来会详细说明。本章概述了该恶性循环在实际生活中的表现，详细说明在日常生活中，焦虑预测和自我批评的想法如何影响你的感受和行为。不过重要的是，你应该将这些思想用在你自己身上，探索这些思想如何与你自己的想法、感受和行为匹配。因此，在阅读本章的过程中，应不断问自己：这些如何体现在我身上？对我来说，哪些情境触发了焦虑预测？我的焦虑预测如何影响了我的情绪和我的身体状态？我应该做什么（或不做什么）来防止焦虑预测成为现实？我的自我信念被证实后，我是什么感觉？我怎么知道它正在发生？我的自我批评想法的性质是什么？它们对我感受的影响是什么，对我的行为的影响是什么，最特别地,对我自我信念的影响是什么?

建议你在阅读本章过程中,随身带上纸笔或者电子设备,并描绘出你自己的恶性循环。利用本章呈现的思想来密切审视自己经历以及自我反思,同时也可加深你对下面这个问题的理解:在日常生活中,低自尊如何影响你。

触发系统:打破规则

上一章中,我们介绍了下述观点:你"设计"的生活规则,也就是你具体的日常处事策略,可以在短期内让低自尊无从着力。然而,实际上,它们最终会使你的低自尊持续,因为它们提出了根本无法实现的要求——例如,完美、普遍的爱与肯定,完全的自我控制,或者控制你所处的环境。这意味着当下的"舒适"必然很脆弱。

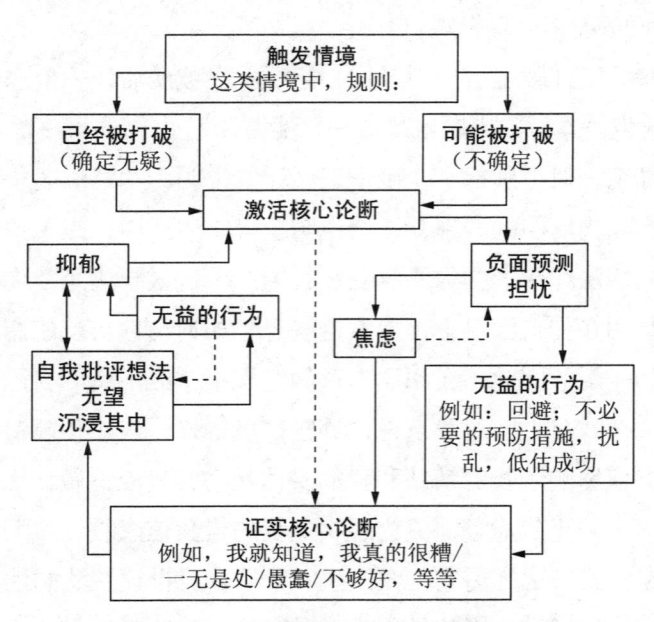

图 3-1 维持低自尊的恶性循环

有两类情境能激活你的核心论断。在第一类情境中，你觉得自己可能打破规则，也就是你不确定到底会不会打破规则，但是规则有可能会被打破。这种情况下，"不确定"是关键，你会做出一系列焦虑反应。第二类情境，你非常肯定自己的规则已被打破，毫无疑问。这种情况下，你大多会陷入低落、抑郁的情绪。接下来我们分别阐述这两种情境。

当你的规则可能打破：焦虑路径

如果你发现自己处于打破规则的危险之中（比如没有做到百分之百完美；被讨厌或者没受到肯定；失去对自己或环境的控制），那么被你的生活规则"打压"下去的核心论断就会"冒头"。自我怀疑冒出来，控制你的思维。你体验到一种不确定感：你突然感觉不安全、焦虑并脆弱。你开始怀疑自己，你的"自我价值感"摇摇欲坠。

触发情境可能是非常重大的事件，例如关系破裂、饭碗不保、可能患上了严重疾病或者小孩即将离家自立。但是日常生活中，许多引发自我怀疑和不确定的情境都十分琐碎。很多都是那种你可能没怎么注意的小事情，或者只需对自己喊喊话——例如"别傻了"或"拜托，振作起来"，就能翻页的事情。如果你想透彻理解是什么在维持你的不良自我信念，注意到这些小事是关键的一步。

激活核心论断的情境的准确性质，取决于核心论断本身的性质，以及你用来"对付"核心论断的规则。比方说，如果你的核心论断是担心他人是否接纳你，你设计的规则也是为了确保他人接纳你，那么，可能产生问题的情境就是你担心自己不被接纳的情境。如果你的核心论断和成就、成功或能力有关，你的规则全和高标准有关，设计这些规则就是为了确保自己总能达到这样的高标准，那么，在一些情境中,你可能达不到自己的预期,这时你就会觉得受到了威胁。诸如此类。

回想一下上一章那些人的故事。如表3-1所示,触发他们核心论断的情境都直接反映了他们自我信念的性质,以及他们的生活规则。

表 3-1　触发核心论断的情境

布里奥妮	感觉真实("糟糕")的自己可能会暴露、或者已经暴露的情境
拉吉夫	担心无法达到自己为自己设定的高标准,或者实际上确实没达到标准;受到批评
伊维	注意到自己变胖了;需要买衣服时,担心自己会吸引他人目光,或者选了一件本以为是自己尺寸的衣服,结果穿不上
杰克	感觉到高昂的精力和情绪(包括正向情绪);任何被否定的苗头
亚伦	可能遭遇攻击或拒绝的情境,包括亲密关系
凯特	无法满足他人期望;不得不请求帮助
林	作品展示在公众面前
汤姆	不得不书写,特别是他必须在别人注视下做这件事;不得不面对挑战(特别是智力方面的挑战)
迈克	注意到有迹象显示:自己仍然沮丧,仍然不是正常的自己
玛丽	无法像以前一样照顾他人的情境

某些情绪变化意味着核心论断已被激活,在接下来的章节,你将学习如何更加敏锐地注意自己的情绪变化,如何体察核心论断被激活后自己的想法、感受和行为。现在就反思一下。仔细回想一下上个星期。你是否经历过这样的时刻:感到焦虑不安、不自在,或者怀疑自己无法应付当下的情境?是否怀疑过自己和人打交道时的表现不如预期,感觉自己有点一无是处,或者和人互动时,他人的反应让你心烦意乱?是否曾感觉事情千头万绪,无从着手?或者感

觉自己不在状态？

记下这些情境。你是否注意到任何固定的模式？如果有，从这些模式中，你发现自己的生活规则有何规律？也就是，为了自我感觉良好，你对自己有何要求，对他人有何需要？你担心打破何种规则？在这些情境中，你是怎么看待你自己的？你意识到自己用了贬损的词汇来描述自己吗？这些词汇是什么？它们可能反映了你的核心的负面自我信念（你的核心论断）。

对威胁的反应：焦虑预测

一旦你觉得自己可能打破生活规则，核心论断就会被激活，紧接着，你将感受到一种不确定感，进而引发具体的负面预测（对可能会发生的事产生恐惧），其内容取决于你忧虑的性质。为了说明这个问题，我们以一个大多数人都或多或少感到畏惧的情境为例，对一个低自尊的人来说，这样的情境可能是十足的折磨。想象你要站起来并在一群人面前讲话，也就是在听众前演讲。想象你必须在自己熟悉的情境中当众演讲，比如工作场合，你常去的教堂，你参加的夜校，你子女看病的诊所，或者你小孩的学校集会。你想象自己不得不站起来当众演讲时，你的第一反应是什么？你想到什么？"我做不到"？"我会出尽洋相"？"不会有人对我的演讲感兴趣"？"我好焦虑，我肯定会拔腿逃跑"？

或者，你的"心眼"能看到什么样的画面？脸红、流汗，每个人都注视着你，诸如此类？你讲完后，听众安静得可怕或者窃窃私语？听众都望向窗外，看上去无聊且恼怒？又或者，听众看上去都很礼貌，但是在他们内心深处，却想着你多么可悲？当你想象自己当众发表演讲时，你心里冒出的想法和画面，很可能是你担心会发生的情形，特别是你觉得可能会出错的地方。换句话说，它们是你对即将发生什么的看法，是你的负面预测。接下来我们将阐明：这一负面预测会强烈影响你的感受和行为。

低自尊者需要当众演讲时，第一时间想到的将会是发言过程中各种出错的方式。他或她很可能认定：事情会朝最坏的方向发展，而且他们几乎不可能阻止其发生。激活核心论断的情境因人而异，取决于个人担忧的本质，同样地，负面预测的性质也是因人而异，取决于他们看重的是什么。比如，当亚伦想象当众演讲的场景时，他的预测是：甚至不等他开口，人们就会将他"否决"，因为不会有人相信像他这样的人能说出任何值得一听的内容。相反，凯特主要担心自己无法达到听众的期望。林的预测则是听众会感到无聊。杰克认为自己会说出一些不合时宜的话，听众会认为他在炫耀，他将出尽洋相。迈克担心自己会紧张——太可悲了！

你会发现每个人的预测都源自其自我信念，源自他们为补偿这些信念而设计的规则。一旦你了解了他们的故事，他们的恐惧便非常好理解。在第4章中（73—105页），你将学习如何通过观察自己在紧张情境中的反应，以及体察当你感觉自尊不保时，你的想法、心里出现的声音或画面，厘清自己的焦虑预测。这很重要，因为负面预测如果不加以挑战，就会强烈影响你的情绪状态和行为，借此维持你的低自尊。焦虑预测很容易逐渐变为担忧，始终贯穿在你担心出错的可怕情境之中。接下来，我们还是以当众演讲为例来考察这个问题。

负面预测对情绪状态的影响

让你回到当众演讲的情境中去。想象最糟的情形。让你的焦虑预测尽可能真实。此时，你情绪状态如何？你注意到自己的感受发生了什么改变？

预测一些糟糕的事情将会发生，通常就会引发焦虑。你可能没想到"焦虑"这个词，也许你感觉惊慌、不安、紧张、焦躁、害怕、恐慌甚至恐惧。你会把这些都当作恐惧的不同体现。现在，当你害怕时，注意你的身体发生了什么变化。你观察到什么变化？你的心率有何变化？你的呼吸？你肌肉的紧绷程度？哪些肌肉特别绷紧了？你注意到自己流汗了吗？可能是前额或者是手心？你感觉到自己在颤抖吗？你的消化系统如何？你注意到自己腹部有什么感觉吗？颤动？翻腾？

所有这些都是焦虑的身体信号，身体对威胁下意识的反应。

对于低自尊者来说，这些正常的反应可能更具"不祥"的含义。它们可以进一步引发别的焦虑预测。比如，如果你已口干舌燥，你可能会害怕自己无法说话。如果你感觉手在颤抖，你可能会预测观众将明显看出你紧张，进而预测他们会觉得你无法胜任或者古怪。当你焦虑时，你的脑子容易一片空白，你可能会担心自己舌头打结或者语无伦次，或者，自己都不知道自己在讲些什么。对焦虑信号的这些反应自然容易加重焦虑，并让你压力倍增。

焦虑预测对行为的影响

焦虑预测能以多种无益的方式影响你的行为。为了理解其机制，让我们重新回到当众演讲的情境。

焦虑预测能导致：

- 完全的回避
- 不必要的预防措施
- 表现受到干扰
- 对成功的低估

焦虑预测可导致回避

如果你无比相信自己的焦虑预测会变为现实，你可能干脆就决定彻底回避。你可能打电话给邀请你发言的人，告诉他们你得了流感，无法到场。或者你可能干脆不出现。

这意味着，你将失去"证伪"自己焦虑预测的机会。现实情况可能是，和你的预测不同，实际情形会好很多。实际情况下，事情往往没那么吓人。回避让你无法亲自发现这一事实。因此，回避虽然帮助你在短期内感觉更好（终于解脱了——你脱身而出），但从根本上来说，却维持了低自尊。

也就是说，为了提升你的自信和自尊，你需要接近你回避的情境，否则，你的生活将会继续围于你的恐惧，你将永远无法获得现实、平衡、宽容地看待自我所必需的信息。

焦虑预测可引发不必要的预防措施

你可能不是完全回避情境，你决定去发言，但是会实施一整套预防措施，借此确保自己害怕的最糟糕的事情不会成真，确保你将遵守自己的规则，并在保持自尊完好无损的情况下全身而退。比如凯特会认为，自己需要花费大量时间仔细考虑听众想要听到什么，并试图将所有可能包含在演讲中。在发言过程中，她会时刻观察人们有没有对她的演讲内容感到厌烦，任何"蛛丝马迹"都不放过，她还会一直保持笑容。拉吉夫则认为，重中之重是让自己看上去百分之百自信和挥洒自如，他会一而再再而三不断地排练发言内容，确保演讲内容和演讲风格毫无瑕疵。他一定会让自己的演讲填满所有时间，这样听众就没有时间提问了，这样就不会出现他回答不上的情况了。

如果你要当众演讲，你会怎么做，来确保自己害怕的最糟糕的事情不会成为现实？

这类自我保护策略的问题是，不管事情进行得如何顺利，你都会产生这样的感受：你只是"幸免于难"。如果你没有采取这些预防措施，那么最坏的事就会发生。可事实上，往好了说，预防措施只能阻碍你学习并更新自我信念；往坏了说，预防措施还会让事情越来越糟。例如，社交焦虑者因为担心给别人留下坏印象，常常采用自我保护策略，可不幸的是，这种策略往往事与愿违。比如，避免眼神接触，尽可能少说以避免犯错，会让人错误地以为你自大、冷漠或者对其他人不感兴趣，从而尽快离开现场，并且再也不想见到你。

无论你采用什么样的预防措施，结果都是：无法亲自检验自己的恐惧实际上正确与否；无法检验自己的预防措施是不是过头了，是不是弄巧成拙或不必要的。你会产生这样的感受：你的成功（以及因此而产生的自我价值感）全是因为自己采取了预防措施。这就说明：如果想让自己变得更自信、对自己更满意，那么很重要的一点是，抛弃你常用的预防措施，"空手"进入情境。如果不这样做，你永远都不会发现自己的预防措施没有必要，不会发现你其实不用预防措施也能实现目标。

焦虑预测会干扰你的表现

有时，你的表现很可能会受到焦虑干扰。你发现自己结结巴巴，你看到自己手中的讲稿在抖动，或者，你的脑子真的一片空白。这样的事情确实会发生，甚至熟练的演讲者也可能会如此。假设类似这样的事发生在你身上：你的反应会是什么？你会想到什么？

对于紧张的种种表现，高自尊的人可能饶有兴趣或超然地，而不是带着恐惧地体察它们，并将其看作压力下的合理反应。他们可能认为在这些环境下紧张是很正常的，他们还会很笃定，自己的焦虑只有自己知道，别人并不会看出来，即使旁人察觉到了，他们也不会大惊小怪。简而言之，自信的人不会觉得焦虑是什么了不得的大事。他们的个人规则允许自己表现稍欠完美，也不会觉得这对他们的自我价值有什么实质性影响。

然而，如果你是低自尊者，你可能将任何瑕疵看作自己向来一无是处、能力不足或诸如此类的证据。也就是说，这些关乎你作为一个人的价值。实际上，你期望自己如超人般完美。这明显会维持低自尊。生活自有其规律，不可能总是称心如意。克服低自尊的重要一步是正确看待你的弱点和缺点——那些你不擅长的事情以及你所犯的错误，将弱点和缺点简单看做一个不完美的普通人固有的部分，而不是全面否定自己。

焦虑预测会让你低估成功

尽管你很焦虑，但你的演讲可能效果还不错。你说了自己想说的，听众似乎也有兴趣听，你的紧张没有失控，听众提了一些有趣的问题，你也很好地做了回答。假设这发生在你身上，你的反应会是什么？你会自我感觉良好吗？你会觉得自己表现不错，值得受到称赞吗？还是，你会默默怀疑自己只是侥幸成功：听众只是太善良，你只是走运而已，或者有明星站在你旁边。但是下一次……

即使事情顺利，低自尊者也可能压抑自己成就带来的喜悦，对于任何不符合自己负面自我信念的事情，均能予以忽视、低估或者否定。第2章（27—52页）描述的自我"偏见"，让低自尊者无法发现并认可与之相悖的证据。因此，克服低自尊的一环是：开始留意自己的成就与生命中的美好，并为之感到高兴。第6章（139—174页）将详述如何做到这点。

证实核心论断

不论你是完全回避挑战性情境，还是"周密部署"不必要的预防措施，或者因事情进展不顺而贬低自己的价值，或者即便事情进展顺利，你也会低估或否定你的成功，总之最终的结果都是：你感觉自己核心论断的确得到了证实。你感觉自己完全正确——我**就是**一无是处、有所不足、不招人喜欢等等。事实上，你可能会将其诉诸语言，也就是对自己说："你看吧，我就知道，我就是不够好。"核心论断得到证实，也可能表现为"心眼"看到的一幅画面，更多表现为一种情绪（悲伤、绝望），或者身体状态的变化（沉重感、胃部不适）。不管是以哪种方式，最本质的信息就是你一直以来对自己的认知再次得到证实：你的确是自己认为的那个人。但事情还不止于此。

自我批评想法

恶性循环进行到这里，情绪从焦虑变得更加沉重、更加沮丧（见恶性循环流程图的左下角部分）。

一旦你觉得自己的核心论断得到证实，你接下来的反应可能是大量自我批评想法，通常还伴随着无望感。

这里说的"自我批评"并非指冷静地观察到自己做了某事，但未达到自己期望，或者针对他人给出的负面回馈，考虑能不能采取建设性举措进行弥补，而是谴责自己的为人。自我批评的想法可能只是在你注意力转移之前，在你脑中一闪而过。也有可能，你发现自己陷入螺旋上升的自我攻击之中，用词可能还颇为恶毒。焦虑预测很容易转变为担忧，同样地，一旦开始自我批评，就很容易沉浸其中——持续不断地指责自己做得不够好，一遍一遍评断以及放弃、否定自己。

拉吉夫（也就是晚餐时，被父亲质问的男孩）因电脑崩溃，丢失了一份马上就要上交的重要文件，下面是他对自己说的话：

现在看看你干的好事。你就是个不折不扣的傻瓜。你怎么能这么愚蠢？你总是把事情搞砸——你就是这副德行。你什么事都做不成，你就是没那个能力。你为什么总是一无是处？你为什么总是出错？你活着就是浪费粮食。看看你现在的状态。小伙子，冷静下来，打起精神吧。

实际上，这根本不是拉吉夫的错，而他却揽了下来，用来证实其负面自我信念。因为他认定电脑崩溃，完全是他性格出了错。对他来说，这似乎也准确暗示了他的未来：事情总是会被他搞砸。你应该能想象拉吉夫当时生气、沮丧与绝望杂陈的心情，以及，对他来说，冷静地收拾好烂摊子有多困难。

和焦虑预测一样，自我批评想法可强烈影响我们的感受以及我们如何应对自己的生活。它们也能维持低自尊。想一想当事情出错或者没按你计划进行时，你自己的反应。你的想法是什么？你会苛刻地对待自己吗？你会像拉吉夫一样贬低自己、辱骂自己吗？你的反应有助于做出补救、学到教训吗？学习"侦测"并回应你的自我批评想法，学习用更现实、更具同理心的角度看待事情，也是克服低自尊的一环。第5章（106—138页）会详述具体的做法。

自我批评想法对情绪和行为的影响

当拉吉夫的电脑崩溃后，他完全放弃了自己的计划。他真的感觉沮丧，彻底受够了自己，觉得事情毫无转机。这明显会影响（不利影响）他的行为。他只想把自己禁闭起来，舔舐伤口。他无法重新开始。他周末原本要和朋友一起出去，可是他现在没了心情。他告诉每个人自己病了，呆坐在家里，无所事事。他甚至没心情看电视。他再次陷入沉思，开始批评自己，开始担心未来，他脑子里除了这些再没有别的。他无法看到事情将出现转机的迹象，那继续下去的意义是什么？

这个例子表明，自我批评想法会同时影响情绪和行为。你可以想想自己。当你贬低自己或者对自己苛刻时，你的感觉是什么？自我批评想法对你解决问题、处理生活困境的积极性有何影响？一旦出现自我批评想法，你还有意愿去做自己以前喜欢做的事，去面对挑战，去找朋友，去照顾好自己吗？当你意识到自己在做什么后，你接下来的反应又是什么？你会同情自己还是鼓励自己？或者（像拉吉夫一样）冒出更多自我批评想法？这也会导致情绪低落。

对自己求全责备将把你推向抑郁的深渊，尤其是当你认为批评自己的内容是自己性格中固有的一部分，并且无法改变时，尤其如此。自我批评可能只引发瞬间的悲伤，只要与自己在意的人在一起，或者陶醉于一项引人入胜的活动，就会立刻烟消云散。或者，它可能会生长，并且快速发展成严重的抑郁，很难再摆脱，比如拉吉夫就已经开始出现这样的苗头。如果你过去经历过严重的抑郁，更是如此。如果你也出现了这样的苗头，在开始解决低自尊的问题前，你可能需要处理抑郁本身（参考第1章，了解如何判断抑郁是否需要治疗）。

无论沉浸于情绪中是暂时的，还是很难脱离，抑郁都构成了恶性循环的最后一环。抑郁本身就对思维有直接的影响。一旦你变得抑郁，无论你是因为什么沉浸于情绪中，抑郁本身将让你更容易沉浸于自我批评想法，让你绝望且悲观地看待未来。因此，抑郁让你沉浸于更严苛、更无望的思绪之中，让你无法采取建设性行动，使核心论断处于激活状态，让你持续做出最糟糕的预测。恭喜你，你中奖了！你拥有了一套自我维持的程序，如果你不打破它，它很可能持续循环很长时间。

当规则确定已被打破时：抑郁路径

当低自尊者认为自己已经确定无疑打破了规则，他们将立即出现一种感觉：自己的核心论断已被证实——这是确定无疑的，那么他们就进入抑郁路径，而不是上面描述的焦虑路径。他们会觉得：自己确实失败了，确实有人反对他们，他们的感觉确实坐实了，等等。这种情况下，低自尊者将直接从激活核心论断，跳到证实核心论断（这个过程可能在电光火石之间就完成了），随即进入自我批评、无望和抑郁的阶段，而跳过了焦虑路径感受到不确定性的阶段。图 2-1 和图 3-1 下部分中间的那条长虚线就反映了这个过程，图中左下部分描述了抑郁路径的恶性循环，该循环可以将一个人困于低落情绪。

描绘你自己的恶性循环

阅读本章的过程中，你多次被要求思考你对特定情境将作何反应，被要求反思自己的焦虑预测，及其对自身情绪状态和行为的影响；反思负面自我信念得到证实后你的感觉；反思你自己典型的自我批评想法；反思这些对以下两点的影响：你的感觉，以及按自己意愿生活并接受真实自我的困难程度。如果你尚未按此要求做，那么现在就描绘你自己的恶性循环，来整合你的观察吧。作为示例，你会看到拉吉夫在电脑崩溃后绘制的循环，见图 3-2。

作为起点，想象一个身处其中真的会让你感觉焦虑并对自己感到不确定的情境。现在，回想一个最近发生的具体例子。一定要选取一个现在仍记忆犹新的事例，这样你才能准确回想起自己当时的感受和想法。跟随整个循环，使用第 54 页图 3-1 里面的标题，写下每个标题下你自己的体验及反应。如果你愿意，在完成一个循环后，你可以另选一个不同的焦虑唤起情境，并重复这个过程。

描绘多个类似的恶性循环，有助于你识别自己想法、感受和行为中重复出现的模式。你也可以回想一个"抑郁路径"的情境，也就是你非常确定、毫无疑问打破了自己的规则，你的核心论断立刻得到了证实。借助这个过程，你可深入了解自己的焦虑模式和自我批评想法是如何维持低自尊的。你的任务是对这个循环保持好奇心：化身为一个侦探，彻底侦破此案。这是你打破循环并继续前行的第一步。

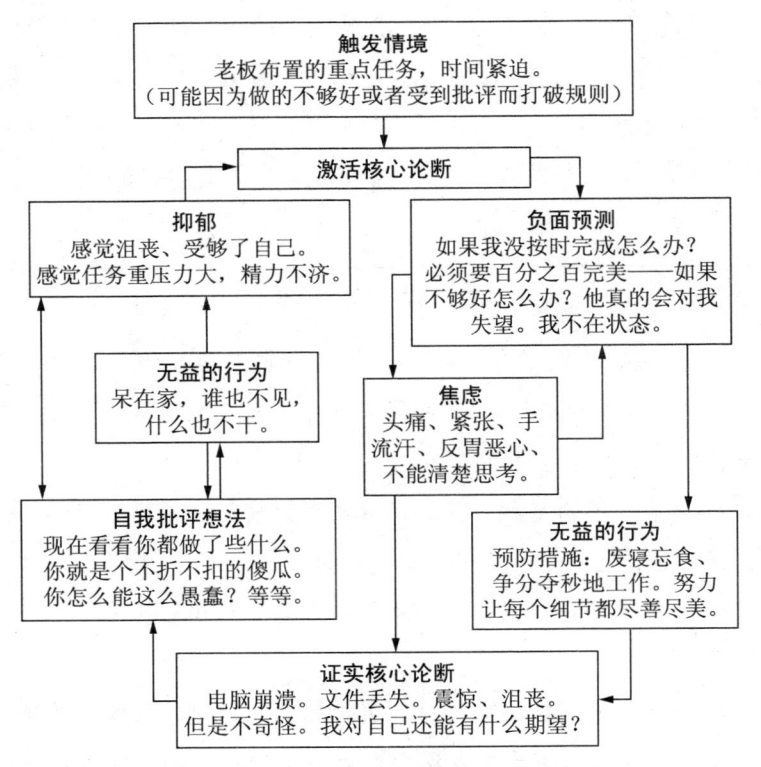

```
触发情境
老板布置的重点任务，时间紧迫。
（可能因为做的不够好或者受到批评而打破规则）
            ↓
        激活核心论断
    ↙                    ↘
抑郁                    负面预测
感觉沮丧、受够了自己。    如果我没按时完成怎么办？
感觉任务重压力大，       必须要百分之百完美——如果
精力不济。              不够好怎么办？他真的会对我
                       失望。我不在状态。
    ↕                       ↓
无益的行为                焦虑
呆在家，谁也不见，       头痛、紧张、手
什么也不干。            流汗、反胃恶心、
                       不能清楚思考。
    ↕                       ↓
自我批评想法              无益的行为
现在看看你都做了些什么。   预防措施：废寝忘食、
你就是个不折不扣的傻瓜。   争分夺秒地工作。努力
你怎么能这么愚蠢？等等。   让每个细节都尽善尽美。
            ↘           ↙
          证实核心论断
    电脑崩溃。文件丢失。震惊、沮丧。
    但是不奇怪。我对自己还能有什么期望？
```

图 3-2　维持低自尊的恶性循环：拉吉夫

打破循环

接下来的几章会教你如何打破维持低自尊的恶性循环。你将学习当焦虑预测出现时，如何察觉它们，如何质问它们，如何通过直接的经验判断其是否真实。通过进入你通常回避的情境，通过放弃不必要的预防措施，你将发现事实到底如何。你还将学习如何记录自我批评想法和无法摆脱的思绪，并将其扼杀在萌芽期，阻断抑郁的发展。你将学习如何通过关注自己的技能、品质、资本和优势，通过自在享受生命中的美好，通过善待自己、尊重自己，来迎击自我偏见。你将继续前行，改变生活规则，那些容易使你陷入恶性循环的规则，最后，你要整合所有这些改变，并处理核心论断。而贯穿始终的目标是克服低自尊——妨碍你欣赏自己、限制你充分享受生活的能力的低自尊，并发展、强化一个更友善、更有益的新视角。

本 章 总 结

1. 在你生活规则有可能或者已经被打破的情境中，核心论断——低自尊的核心——"登场"。核心论断一旦激活，它就会触发维持低自尊的恶性循环。

2. 之后，不确定和自我怀疑引发负面预测——预测最坏的情况，并认定自己几乎无法阻止其发生。

3. 负面预测导致焦虑，以及所有身体信号和症状（身体对威胁的正常反应）。

4. 负面预测同样影响行为，引发完全的回避，采取不必要的预防措施，或者真的干扰表现。即使事情进展顺利，对自己的偏见也让你难以接受事实真的如此。

5. 最终的结果是感觉你的核心论断得到证实。

6. 证实核心论断引发自我批评想法,自我批评可能螺旋上升为无法摆脱的思绪。

7. 通常,自我批评想法导致行为上的改变和沉湎于情绪,这可能发展为"货真价实"的抑郁。

8. 低落情绪确保核心论断持续处于激活状态,因而形成恶性循环。

第三部分
克服低自尊

第 4 章
检验焦虑预测

引 言

到目前为止,我们阐述了低自尊的机制:它从何而来,以及思维习惯和无益的行为模式如何维持低自尊(恶性循环)。现在,我们将在此基础上,学习如何瓦解旧的、负面的自我信念,培育健康的自尊。

第一步就是处理引发焦虑的预测,也就是当你担心自己的生活规则可能被打破时,做出的焦虑预测。这个过程需要以下核心技术:

1. **觉知**:仔细体察并记录当下发生的事。

2. **重新思考**:学会退后一步,质问无益的想法,而不是照单全收,认为这些想法是现实的真实反映。

3. **试验**:使用直接的经验,彻底检验旧的视角,并考察新的视角对你是否更有益处。

在建立更友善、更现实的全新自我感觉的旅途中,上述技术至关重要。所以,本章是后面几章的基础,后面在谈到处理自我批评想法、学习识别自己优良品质、学习尊重并重视自己、重建不那么严苛的生活规则以及新的核心论断时,都将用到上述核心技术。

焦虑预测与低自尊

某种意义上说，人就像科学家。我们经常做预测（如"如果我按下这个开关，灯会亮""如果我站在雨中，我会被淋湿""如果我喝太多，我会宿醉"），并据此调整自己的行为。实际上，我们的许多预测都已经习以为常，自然而然就发生了，我们根本不会将它们说出来，甚至不会意识到自己做出了预测，而是直接将这些预测当做事实，来指引我们的行为。通常，按照预测来做出反应是非常有用的策略，但同时我们也要保持心态开放，乐于接受新的信息，乐于根据经验以及环境的不同，来改变我们的预测（比如，在停电的情况下，坚持"开关预测"可能会受挫）。

低自尊者难以做出现实的预测，或者很难保持开放的心态。当低自尊者做出有关自己的预测时（比如，"我没能力处理此事""每个人都会认为我是一个傻瓜""如果我表露自己的感受，他们会拒绝我"），他们倾向于把它们当作事实，而不是可能正确也可能错误的预测。因此，他们难以退后一步客观地审视，即便经历过预测与事实不符的情况，他们也难以保持开放心态。关键的问题在于：结果被预先确定了。

对于低自尊者，当个人生活规则可能被打破时，核心论断被激活，焦虑预测随之产生。如果你确信自己的规则已然被打破，那么你会跳过焦虑，直接出现核心论断被证实的感觉，出现自我批评以及抑郁。如果不确定规则是否真的会打破，产生不确定或怀疑，那么结果往往会是焦虑。

怀疑和不确定让人猜测接下来会发生什么：我有能力处理吗？别人会喜欢我吗？我会搞砸吗？这些问题的答案，也就是关于何事会出错的预测，会引发焦虑，进而让当事人设计出一整套策略以防止最坏的情况发生。不幸的是，长远来看，这些策略基本上不会起效。无论现实中结局如何，最终的结果都是觉得核心论断得到了证实，或者，最好的情况也是觉得自己侥幸逃过一劫。

本章你将学习识别自己的焦虑预测（觉知），质问其有效性（重新思考），通过接近你常常回避的情境，放弃不必要预防措施（试验），来亲自检验焦虑预测，并借此打破维持低自尊的恶性循环。本章关注的这一部分恶性循环，见下图所示：

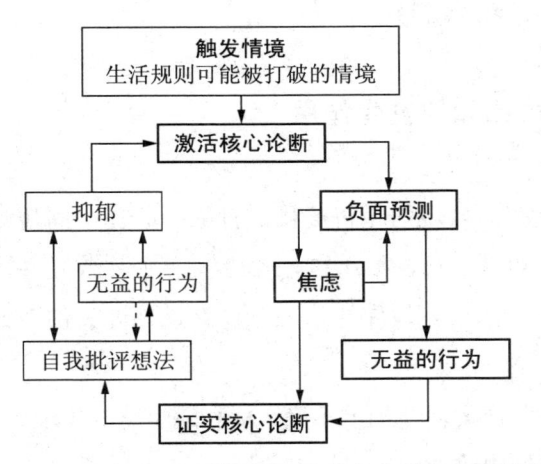

图 4-1　恶性循环：焦虑预测在维持低自尊中起到的作用

触发焦虑的情境

回想第 2 章和第 3 章中那些人的故事。第 56 页列出了激活他们核心论断的情境。从这些例子中，你可以发现对每个人来说，这些情境都是他们的自我保护规则可能被打破的情境。而且，每个个案中，都有不确定或怀疑的成分。布里奥妮的真我（"坏我"）**可能暴**

露——但是她不确定。拉吉夫**可能**无法达到自己的高标准——但是他不确定。去购物之前，伊维就会**怀疑**，自己试穿的任何衣服都将无法穿上，即便穿上了也不会好看——但是，这个时候她完全没有确实的证据。

怀疑是焦虑经历的核心。它在我们头脑中造成一个真空区域，我们会将可怕的想象填入其中——预测我们最害怕的事可能会发生。我们心里的某个角落可能知道最坏的情况不太可能发生，甚至是，如果真的发生了，我们也有能力处理，但是我们不确定，并且我们越感觉焦虑，我们就越不确定。

焦虑思维如何发生作用

焦虑预测源自规则即将被我们打破的感觉，而规则对我们的自尊感又十分重要。第 7 章（174—212 页）关注改变并调整生活规则本身的方法。本章先教你打基础，也就是处理让你在日常生活中产生焦虑的预测。

焦虑预测通常包含加重不确定感和恐惧感的思维偏向。包括：

焦虑思维中的偏向：

- 过高估计坏事发生的概率
- 过高估计坏事的糟糕程度
- 低估自己的个人资源
- 低估外部资源

过高估计坏事发生的概率

当我们身处某个情境，并发现自己可能无法坚持个人规则时，事情可能出错的念头就会在我们脑中疯长。我们以凯特为例。你可能还记得：凯特的父母不善于表达对女儿的感情。

凯特的核心论断是自己不招人喜欢，她的生活规则是：如果她没能达成他人的期望，她就会被拒绝；不论什么时候，她自己的需求都将无法得到满足。凯特在一家美发店工作。她和同事轮流外出买午餐三明治。这天轮到她，她老板忘了给她三明治的钱。凯特感觉自己完全没办法去索要老板欠自己的钱。她坚信自己如果去要钱，老板会轻视她，认为她小气。可事实是，她已在老板手下工作了好几个月，知道老板是个友善、周到的人，在意自己员工的利益。这些证据表明，现实的情况可能是，老板会感觉不好意思，向她道歉，并马上把欠她的钱还她，可凯特都没想到这些。

如果确实发生了一些坏事，就会过高估计事情的糟糕程度

焦虑预测不仅会预测坏事很可能会发生，而且当坏事发生时，还会预测事情会非常糟糕，很少会预测坏事只是暂时的，会马上结束，然后生活继续。焦虑预测的核心是：认为事情肯定会朝最坏的方向发展，进而成为自己的灾难。

比如凯特，当她预测接下来发生的事情时，她不觉得老板只会因还钱这事稍感不快，会二话不说就还钱，然后就将这事抛到脑后。凯特认为要回老板欠自己的钱，会永久改变他们的关系：老板将彻底改变对凯特的看法，她很可能因此丢掉工作，而老板也不会愿意给她写推荐信，因此重新找工作会困难重重。她可能还会获得一个坏名声，很难再找到任何工作。这样，她就没法独立生活，就要回家啃老，并陷入一个尴尬的窘境：只要有份工作找上门，不论这份工作多么没有技术含量、工资多么低微，她都不得不接受。对凯特来说，这一系列后果都会自然而然发生，如在眼前。

从这个例子就能看出，在拥有不同视角的旁观者看来只是很小的一件事（索要一个三明治的钱），而在凯特眼中却是一个长篇故事的序幕，每一幕都比上一幕更糟。这种思维流（有人称之为"灾难化"）是典型的焦虑思维。

如果最糟的事情真的发生了，低估自己处理事情的资源

人们在焦虑时倾向于认为，如果最坏的事"理应"发生，他们将无法阻止或控制最坏的事情发生。凯特认定无论自己做什么，老板的反应都是完全拒绝。如果凯特明确提醒老板还钱，而老板的反应如她所料，那么她肯定无法理直气壮面对老板。她没有想到自己的专业技能和经验，也就是说，实际情况可能是，凭借自己的专业技能和经验，她很可能很容易就找到一份新工作。

低估外部资源

除了低估他们自己的个人资源，做出焦虑预测的人也倾向于低估可以改善情境、甚至完全解除危机的外部资源。比如凯特，如果老板蛮不讲理，她忘了自己还可以从同事、朋友和家人那里获得支持。

采取预防措施：不必要的自我保护

所有这些思维偏向共同作用时，将炮制出最为"纯正"的恐惧。它们让你强烈感觉自己身处失败、失控、被拒绝与出洋相的风险之中。简而言之，规则可能会被打破。因此，与任何敏感者面对威胁的方式一样，你采取预防措施来保护自己，防止最坏的事情发生。从短期来看，预防措施可能帮助你感觉良好，可不幸的是，从长远来看，预防措施反而会妨碍你探究自己的焦虑预测是否站得住脚，

妨碍你更新无益的旧看法，进而维持低自尊。

你的预防措施是为了防止焦虑预测变为现实，可是，除非你放弃这样的焦虑预测，否则你不可能发现自己的焦虑预测是否具备任何现实基础。这就要求你进行所谓的"试验"，也就是通过个人的直接经验来学习。这是验证想法是否正确的唯一方式——如果不试着放弃预防措施，你暗地里总会觉得，自己是侥幸成功，这样你就永远不能真正确定自己的想法是否现实。

下面这个例子有助于厘清这一点。想象你去老朋友弗拉基米尔家吃饭。你一进他家房子，就闻到一股强烈的气味。这是饭菜的味道吗？餐前酒，配的是蒜香面包丁和大蒜蘸酱。第一道菜是大蒜汤，配以蒜香面包。接下来是烤羔羊肉佐以整瓣大蒜，以及蒜味沙拉。甜点则是大蒜冰淇淋（出人意料地有趣），最后，法式奶油奶酪佐以香草，以及——你猜对了——大蒜。吃饭过程中，你还看到房间里挂了大蒜串。最后，你的好奇战胜了礼貌。

"所有这些大蒜是怎么回事？"你问道。

"啊！"弗拉基米尔回答说，"我还希望你没注意到它们呢。我不想你担心。"

"担心？"

"呃，是的。你知道的，吸血鬼……我不想你担心吸血鬼。"

"吸血鬼？"

"是的。不过，我觉得我们已经用足了大蒜，吸血鬼应该都被赶走了。"弗拉基米尔安抚你说。

"但是，根本就没有吸血鬼啊。"你抗议道。

"就是，大蒜发挥作用啦！"弗拉基米尔得意地说。

人们用来防止最糟糕的预测变为现实的策略就像弗拉基米尔的大蒜。对弗拉基米尔来说，房子里之所以没有吸血鬼肆虐，唯一原因是到处都有大蒜。当然，他的看法可能正确。可是，检视已有证据能证明他的担忧过度了。为了证实危险更多是虚幻而非现实，他可能需要抛弃自我保护策略，并丢掉所有"大蒜"。由于他坚信吸血鬼存在，他要做到这点可能颇为困难。他可能需要一步一步来（或大蒜一瓣一瓣丢）。或者，如果他能冷静地考察证据，他可能可以一步到位，将大蒜全部清除。只有这样，他才能发现自己的恐惧没有事实基础——他实际上非常安全。

如何识别焦虑预测和不必要的预防措施（核心技术1：觉知）

在生活规则可能被打破的情境中，只有看清当下正在发生的事，才能让事情变好。所以首先，你需要知道自己焦虑时，到底做出了怎样的预测。其次，你需要留意你自己采取了什么样的预防措施，来防止预测变为现实。也就是说，应该学会一旦焦虑或恐惧出现，就注意到它们。当这种情绪开始冒头，并越来越强烈时，觉察自己心里冒出的想法，同时识别自我保护的行为。这些信息将提供一个坚实的基础，供你重新思考自己的预测，然后通过放弃不必要的预防措施，直接去做你害怕的事情（试验），来检验预测的有效性。

当你刚开始练习体察技术时，建议结构化并系统性地练习，最好的形式就是坚持记录一段时间。其优点是，之后你也可以回想当时的情形，进行审视，亲自看看事情的发展过程。此外，将自己的焦虑预测写下来，将它们暴露出来，而不是困在自己脑子里，有助于你退后一步，重新思考它们。一旦记录下来，它们可能就不那么具有说服力了。

你可以用纸笔记录：有些人感觉手写更踏实，有一种实实在在的控制感。如果你更喜欢用电子设备记录也可以。在第 82 页，你将看到一张空白的记录表，你可以用它记录自己的焦虑预测，以及你用来避免灾难的步骤（即"预测和预防措施记录表"；附录还有一份空白的副本）。作为示例，第 83 页还给出了凯特的困境，让你对自己的目标有一个直观的认识。

使用类似的结构化记录表，而非简单的日常记事日记，其主要的好处是，它可以让你用一种系统的方式坚持完成此事。表中的表头会提醒你应该留意的事，以及之后你需要采取的步骤，从而做出改善。相反，仅是简单的记事日记，可能会让你迷失在自己的恐惧中。当你的低自尊已经持续一段时间，并且焦虑预测已变为一种难以打破的习惯时，尤其如此。如果你**确实**更喜欢自己的记录形式，无论是纸笔还是电子记录，那么，你按照这里推荐的记录表中的表头来组织你的观察，很可能仍然是最有帮助的。

可以尝试带着一点乐趣和好奇来体察：到底自己这种"有趣"的想法是如何发挥效力的？只要坚持体察和记录，一段时间后，你就会逐渐发现自己的固定模式，那些习惯性的、自动的旧有反应会一再出现。一旦你能清楚看出这样的模式，你就有机会做出改变了。

如果可能，建议你一旦体验到焦虑，就马上记下来。如果不能马上记录（例如，你旁边有人，如果你记录的话，他们会觉得很奇怪），那么就仔细观察自己的反应，用心记下当时发生的事，然后尽快完成记录。这是因为，当你离开那个情境，当你的焦虑感过了之后，往往就很难再"捕捉"到焦虑预测。即使你能还原，但是事后隔着一个安全的距离再来看，它们可能会显得荒谬或夸张，你将很难相信：这些预测当时多么具有说服力，也很难相信你当时的焦虑程度。下面是需要记录的事情：

表 4-1 预测和预防措施工作表

日期/时间	情境 当你开始感觉焦虑时,你正在做什么?	情绪及身体感觉 (比如,焦虑,恐慌,紧张,心跳加速)按照强烈程度,从 0—100 打一个分数	焦虑预测 你开始感觉焦虑时,你脑子里究竟在想什么?(比如,语言和画面形式的想法)按照相信程度,从 0—100 打一个分数	预防措施 为了防止预测变为现实,你做了什么?(比如,回避情境,寻求安全的行为)

表 4-2 预测和预防措施工作表——凯特

日期/时间	情境	情绪及身体感觉（比如，焦虑、恐慌、紧张、心跳加速）按照强烈程度，从0—100打一个分数	焦虑预测 当你开始感觉焦虑时，你脑子里究竟在想什么？（比如，语言和画面形式的想法）按照相信程度，从0—100打一个分数	预防措施 为了防止预测变为现实，回你做了什么？（比如，避情境，寻求安全的行为）
1月6号，下午2点	为伊恩买午餐三明治。他忘了给我钱	焦虑 85 尴尬 80 心跳加速 90 流汗 70 热 90	如果我找他要钱，他会觉得我实在小气 90 还将永远破坏我们的关系 80 那我就得重新找一份工作 70 我无法找到新工作 70 我会整天宅在家里，身无分文 70	完全躲避他 如果我确实问他要钱了我会： 十分卑微 十分抱歉 不直视他 压低声音 告诉他此不是什么大事 尽快了结此事，然后逃走

日期和时间

你什么时候开始感觉焦虑？记录下日期和时间，有助于你识别时间模式。比如，如果你的规则与能力和成就有关，那么很可能你的焦虑在工作时间达到顶峰。相反，如果你的怀疑与他人对你的接纳程度有关，那么你可能发现自己的"地狱"时间在周末，因为周末你"应该"去社交。

情　境

你开始感到焦虑时，情形如何？你在做什么？你和谁在一起？发生了什么事？激活你核心论断的情境是外部事件（比如，必须在同事前面回答一个困难的问题，或者收到邮寄的账单）？还是内在事件（比如，想到过去某个尴尬、丢脸的时刻；想起你推迟的一项工作；或者当你要和人握手时，注意到自己手心出汗了）？

你的情绪

你一旦焦虑，就表明你正在做出焦虑预测。你体验到的情绪（可能是好几种情绪）到底是什么？忧虑？恐惧？焦虑？恐慌？也要留意其他情绪，比如，感觉压力增大、担忧、受挫、易怒或焦躁。根据其强烈程度，从 0 到 100 为每种情绪打个分数。100 分指强烈程度已达致极限，50 分指中等强度，5 分指该情绪仅出现个"苗头"，以此类推。你的情绪强度可以在 0 到 100 分之间的任意位置。为情绪强度打分，而不仅仅将其记录下来，其用意是，当你着手改变焦虑预测时，可以发现自己情绪状态的微小变化，如果不打分，你可能就错过了。

身体感觉

焦虑通常伴随一系列的身体感觉。身体感觉是我们情绪状态的关键线索，对识别我们感觉有重要价值。所以，练习觉知身体感觉是大有帮助的。当你焦虑时，你的身体信号是什么？你体验到什么感觉，在哪个部位？这样的信号在一定程度上因人而异。它们反映在我们平常描述焦虑的语句中："紧张""像叶子一样颤抖""如履薄冰""脑子一片空白""吓得发抖"，诸如此类。它们包括：

- 肌肉紧张加剧（比如，你下巴、前额、肩膀或手部肌肉）。许多人的身体有其"偏好"紧张的部位。你的在哪？
- 心率改变（比如，你的心跳加速、加重或者好像漏拍）
- 呼吸改变（你可能注意到自己停住呼吸、呼吸加快或呼吸不稳，或者感觉呼吸不到足够空气）
- 心理状态改变（比如，注意力难以集中在当下、脑子可能一片空白，或者你可能感觉混乱、困惑）
- 胃部变化（比如，反胃恶心、"胃痉挛"、需要频繁上厕所）
- 其他身体症状，比如颤抖、流汗、虚弱感、感觉头晕、麻木或刺痛感、视力变化（比如，模糊或视野狭窄）

所有这些实际上都是身体对威胁的正常反应。某种程度上，它们实际上是有益的——比如，对于音乐家或者运动员来说，紧张可以使他们表现更好。焦虑的身体症状预示着肾上腺在分泌肾上腺素——一种让身体准备好"战或逃"的激素，也就是说，直面并解决具有威胁性的危险，或者逃离。你的焦虑预测是在告诉你的身体，它需要高度戒备以应对危险。一旦你能熟练解除预测，你的身体反应将不再如此。与此同时，留意自己身体对焦虑的特别反应也大有帮助，主要是因为（如第 3 章所述）这些反应本身能进一步导致焦虑预测，比如，"所有人都会注意到我多么紧张，觉得我是怪胎""如果持续下去，我会崩溃"，或者"以我这样的状态，我不可能应付得了"。不用说，这些额外的预测可能加剧焦虑，形成一个小的恶性循环，并使问题持续。

因此，记录下你的身体感觉，并根据其强烈程度，从 0 到 100 打个分数，就像你为自己情绪强度打分一样。你还要警惕你基于自己的感觉做出的进一步预测，同样把它们记录下来。

你的焦虑预测

当你开始感觉焦虑前，你脑子里想的是什么？开始焦虑后呢？你的想法可能与未来即将发生的事有关。实际上，它们是你的预测，关于什么会出错，或者已经出错的预测。准确、如实地记录下来。然后，根据你相信它们的程度，从 0 到 100 打个分数。100 意指你完全相信，毫无怀疑；50 指你摇摆不定；5 指你认为可能性渺小，以此类推。同样，你的相信程度可以在 0 到 100 之间的任意位置。一般来说，你越相信自己的预测，你的焦虑感会越强。当然，反之亦然：你越焦虑，你就越可能相信自己的预测，更可能采取相应的行为来保护自己，但实际上这些行为没有必要且没有帮助。

也有可能，你自己的想法不是以可辨认的预测形式出现，而是以"心眼"所见的画面呈现，可能是快照或固定的画面，也有可能是电影——一帧接一帧的事件流，就像凯特担心老板的反应，然后陆续发生后面的事。这些画面和事件流可能非常鲜活，因此具有很高的说服力。它们通常将一个人的恐惧具象化。也就是说，它们可能是你最大的恐惧的视觉版本，而你最大的恐惧就是你的焦虑预测。

尽可能清晰地描述它们，识别其中包含的预测，并根据你的相信程度，为每个预测打分（0—100）。

还有可能，你的想法不是以明确的预测形式出现，而是以短促的感叹呈现，如"噢，我的天！"，或者"又来了！"。如果是这样，将你的感叹写下来，然后花点时间弄清楚其含义。感叹中隐藏的预测是什么？如果你理解了感叹背后的含义，你所体验的焦虑程度也不言自明了。你可以问自己：可能发生什么？最坏可能发生什么？接下来呢？再之后呢？"又来了"——呃，什么又来了？再一次，写下隐藏的预测，并根据相信程度，打个分数（0—100）。

最后，你的预测可能隐藏在疑问之中，比如，"他们会喜欢我吗？""如果我无法应付会怎么样？"或者"如果事情出错会怎么样？"许多焦虑思绪以问题的形式出现，这很好理解，因为它们是对不确定或怀疑的回应。发现隐藏其中的预测，你可以问自己：因体验到焦虑而出现了这些问题，那问题的答案是什么？比如，如果你的问题是"他们会喜欢我吗？"，其中隐藏的负面预测可能是"他们不会喜欢我"。你可能对这一预测颇为相信、几乎不相信，或者将信将疑。

防止预测变为现实的预防措施

当一个人面对真实的威胁时，采取措施防止其产生危害理所当然。可是，一旦你开始退后并仔细审视，你面对的威胁就可能更多是虚幻而非现实的，但是它们当下似乎十分真实。那你会做什么来避免受到威胁呢？你会采取什么措施来确保其不会发生呢？写下你采取的预防措施，尽可能详细。

应特别留意以下两种情况：

- 完全的回避（比如，凯特好几天没和老板说话，并且完全避免与他相处）。
- 进入你恐惧的情境，但是把事情都安排好，避免你担心的事情发生，借此保护自己。

在认知行为疗法中，这样的预防措施应称作"寻求安全的行为"，因为我们觉得，我们必须这样做，才能保证自身"安全"，并避免打破自己的规则。完全的回避通常较易识别。安全寻求行为也可能不那么明显，有时候，还颇为微妙——你可能完全不能意识到它们。同样，带一点乐趣和好奇，也将有助于近距离自我观察。如果很难识别自己的预防措施，那么真正有效的一个方法是：试着进入自己害怕的情境，并留意自己是如何保证自身安全的。如果，你感觉这太困难、太危险，你也可以通过想象完成这一过程。例如凯特，刚开始的时候，她感觉自己完全没有办法接近老板。但是，她可以想象：如果自己能鼓足勇气去要回自己的钱，自己会怎么做，这也可以记录下来。她将看到自己变得很卑微、回避眼神接触、动辄道歉、告诉他这真的不是什么大事、怯生生地说话，以及想尽可能快地了结此事。在跟老板正式说话前，她会排练无数次到底要说什么，努力做到以最温和有礼的方式提出自己的要求。

记录应持续几天或者一个星期，尽可能多地记下实例。记录结束的时候，你应该非常清楚地了解让自己焦虑的情境，激发焦虑的预测，以及为防止最坏的可能，你采取的预防措施。这是你开始质问和重新思考焦虑预测的基础。在此基础上，你还可以通过放弃不必要的预防措施，通过亲自发现自己的恐惧是否真的可能发生，以检验焦虑预测。

处理焦虑预测

焦虑预测有害无益，根本不能让你有效地应对日常生活。相反，焦虑预测让你感觉变差，然后浪费精力采取预防措施，而预防措施只能让维持低自尊的恶性循环运转。因此，改变焦虑预测有许多好处：让你感觉更好，有更多机会自信地亲近生活并享受自己的经历，给你勇气试着做真实的自己。

从现在开始，就要练习引言中介绍的另外两种核心技术了：重新思考（质问你的预测，目的是用更现实的预测替代）；试验（接近你害怕的情境，而不是一味回避，以及放弃寻求安全的行为，借此在实践中检验全新的视角）。

这看上去好像非常可怕。可是，只要你重新思考自己的预测，找到替代性预测，那么进入看似"危险"的情境，并放弃自我保护策略，可能就不会那么可怕了。很重要的一点是：如果你在感觉到威胁时，始终沿袭以前的反应，那么，你永远不会相信重新思考后获得的新视角确实是合理、有现实基础的，而非"空中楼阁"。经验是最好的老师。

找到新的预测代替焦虑预测（核心技术 2：重新思考）

要想从更有益、更现实的视角看待让你焦虑的情境，最好的方式是：退后一步质问你的预测，而不是把预测当做事实全盘接受。你可以借助第 91 页表 4-3 中列出的问题，来发现更有益、更现实的视角，来处理引发焦虑的灾难式偏向。每发现一个答案或者替代性预测，就记下来，并根据你的相信程度打个分数（0—100）。刚开始你对这些替代性预测的相信程度可能不会很高，但你至少应该相信：理论上，它们可能是正确的。一旦你有机会在实践中检验它们，你将发现自己的相信程度有所增加。将替代性预测填入表 4-4（附录中可找到更多空白副本）可能大有助益。第 92—93 页还给出了以凯特为例的完整记录表。同样地，相比于简单的日记，一份结构化的记录表（纸质和电子版本都可以）可能帮助更大，因为它有助于让你采用系统的方式坚持完成此事，而不是陷入自己的恐惧之中无法自拔。

表 4-3　帮助你找到替代性预测的关键问题

- 支持我预测的证据是什么？
- 与我预测不符的证据是什么？
- 替代性的看法是什么？支持它们的证据是什么？
- 最坏的情况是什么？
- 最好的情况是什么？
- 现实中最可能发生的情况是什么？
- 如果最坏的情况发生，我可以做些什么？

帮助你找到替代性预测的关键问题

支持我预测的证据是什么？

你恐惧的基础是什么？什么让你觉得会发生最糟的情形？过去有什么经历（甚至可能是很早很早的经历），让你直到现在仍做出灾难性预期？还是说，你的见闻或者你见过这种事发生在别人身上，让你做出这样的预测？还是说，你主要的证据就是你自己的感觉？

表 4-4　检验焦虑预测工作表

日期/时间	情境	情绪和身体感觉 强度评分 0—100	焦虑预测 相信程度评分 0—100	替代性看法 使用上面提供的关键问题来发现对该情境的其他看法。相信程度评分 0—100	试验 1. 你做了什么来代替惯常的预防措施? 2. 结果是什么? 3. 你学到什么?

表 4-5 检验焦虑预测工作表——以凯特为例

日期/时间	情境	情绪和身体感觉强度评分 0—100	焦虑预测 相信程度评分 0—100	替代性看法 使用上面提供的关键问题来发现对该情境的其他看法。相信程度评分 0—100	试验 1. 你做了什么来代替常常的预防措施？ 2. 结果是什么？ 3. 你学到什么？
2 月 20 号	找伊恩要钱	焦虑 95 尴尬 95 心跳加重 95 感觉脸红耳热 100	他会朝我大吼 90 他会认为我实在小气 90 这会破坏我们的关系 80 我肯定会丢掉工作，必须重新去找 80	没有证据表明他会做出那种反应。以我对他的认识，他不是那种人 100 他可能会稍觉打扰，但是一会就好了，两分钟之后，就把这事忘了 95 即使他确实做出那种反应。反正如果这件事发生在别人身上，我是会支持。我会觉得要回别人欠自己的钱是天经地义 100	1. 直接找他要钱。不要道歉或者说"没关系"。礼貌、友善，但是坚定。慢慢来。 2. 他马上就把钱给我了。他说他很抱歉，他刚好忘了。之后也没有迹象表明他对此心怀芥蒂。 3. 我学到：即使冒险让我紧张，冒险提出要求也是OK的，而且我能做到，最后也会有个不错的结果

续表

我无法找到新工作 70	可能我要找也是天经地义 30	
我将整天宅在家里,身无分文 70	就算我确实丢了工作,再怎么说我也是一个很不错的发型师,再找份工作不难 60	
	这件事上我可能小题大做了 50	

或者，这只是你的一个习惯：只要遇到这类情境，你总是预测事情会出错？

与我预测不符的证据是什么？

退后一步，从一个更广阔的视野来观察。目前情境的实际情况是什么？它们支持你的想法，还是与其相悖？特别地，你能找到任何**不**符合你预测的证据吗？有没有任何你没注意到的事，表明你的恐惧被夸大了？你有没有忽视任何自身的资源？过去或现在有没有任何经验，表明事情可能不会像你担心的那么糟糕？

焦虑预测总是倾向于做出最糟糕的预测，这犯了过早下结论的毛病。要反其道而行，也就是坚持事实。

替代性的看法是什么？支持它们的证据是什么？

认定自己对事情的看法是唯一的可能——你落入这一陷阱中了吗？同一段经历，总是有许多解读方式。比如，犯了一个错误，对低自尊者来说，可能意味着灾难或是失败的标志。但是对另一个人来说，人无完人，谁能不犯错？或者，认为自己犯错只是疲劳、压力或一时疏忽的结果。简而言之，对这类人来说，犯错是可以理解的，并不能反映一个人本质或价值，应该允许一个人犯错，犯了错是可以弥补的。

如果持有这种更宽容的态度，那么犯错甚至可看做一个绝佳机会，可趁机学习和拓展知识技能。

现在回到你目前面对的情境。比如，如果你少些焦虑，多些自信，你的看法会是什么？旁人会怎么看这样的情境？如果你的一个朋友带着同样的担心来找你，你会对他说什么——你的预测会有所不同吗？你夸大了事件的重要性吗？如果事情的进展不如你所愿，你就认定后果会一直持续吗？一个星期之后，你对此事的看法会如何？一个月后呢？一年后呢？十年后呢？还会有人记得这事吗？你还会记得吗？如果还记得，你还会有同样的想法吗？可能不会。

写下你发现的替代性看法，然后从头再来一次：支持替代性看法的证据有哪些？与其不符的证据呢？与事实不符的替代性看法对你没有帮助，因此，确保你的替代性看法至少有些现实基础。

最坏的情况是什么？

这个问题对处理焦虑预测特别有用。明确你"最坏"的预测可以让你对它有个清楚的了解，除此之外，还有很多帮助。一旦你写下最坏的情况，或者巨细靡遗、生动鲜活地想象最坏的情况，你可能马上就会发现：自己的恐惧被无限夸大了，不可能发生。比如凯特，她曾经想象过一个画面：老板大发雷霆，然后将她赶了出去。事实上，无论老板对她的要求有什么感觉，他都绝不可能在他所有客人和员工面前表现得这么不专业。

你恐惧的事在现实中发生的可能性有多大？尽可能获取信息，对这个问题作出更现实的评估。即使你担心的事有可能发生，其发生的可能性也会比你的预测小得多。另外，你也可以有所行动，尽量让最糟的情况不要发生，就像当你搬到一所新房子以后可能会检查线路，并购买烟雾报警器和灭火器一样。

最好的情况是什么？

这个问题是为了平衡上一个问题。你最坏的预测有多负面，就试着想出一个同等正面的答案。你可能顺带注意到，相比最好的情形，你更倾向于相信最糟糕情形。为什么？有没有可能是你存在某种思维偏向？同样的，你也可以生动具体地想象最好的结果。

凯特想到这样一幅画面：因为她为了自己权利挺身而出，老板在所有人面前恭喜了她，冲出去为她买了花和巧克力，并坚持马上为她升职加薪。设想这种不可能的情景，会让她不禁莞尔，并有助于让她发现：自己的恐惧同样荒谬绝伦。

现实中最可能发生的情况是什么？

看看你识别的"最坏"与"最好"，应该就能意识到：现实很可能在最坏与最好之间。试着想一下最可能发生的情况是什么。

如果最坏的情况发生，我可以做些什么？

一旦你明确最坏的情况是什么，你就能计划最好的应对方式。并且，一旦你知道如何应对最坏的情况，其他的就都是小菜一碟。记住，焦虑预测会让你低估自己在困境中可获得的资源。即使你害怕的事很有可能发生，事实上，你也可能很好地应对，比你自动认定的结果要好，你还可以获得很多资源（包括他人的善意、品质和技能）来协助你更好应对。想一想：

- 如果发生了最坏的情况，你拥有哪些个人优势和技能，可以帮助你处理它？
- 你拥有哪些成功处理其他类似威胁的经历？
- 你从其他人那里可获得哪些帮助、建议和支持？
- 你可以获取哪些信息，以帮助你全面了解当下的情况，进而更有效地做出处理？你可以询问谁？你还可以获取哪些信息源（比如书籍、媒体、网络）？
- 你可以做什么来改变情境本身？如果在某些方面，让你焦虑的情境确实不尽人意，你需要改变什么？可能他人对你的不合理期望需要改变，或者你需要更多为自己考虑，又或者你需要寻求更多的帮助和支持。很可能，你虽然想到要做出这些改变，但紧随而来的负面预测（比如"但是他们会生我气"）或自我批评想法（比如"但是我应该有能力独自处理"）会再次妨碍你。如果是这样，记下这些想法，并找出新的预测或想法来替代它们。你同样可以质问并检验它们。并且，即使情境不能改变，或者情境本身不是问题的来源，你仍然可以学习改变自己对它的想法和感受——而这就是你现在正在做的事。

在实践中检验焦虑预测（核心技术3：试验）

通常，发现替代性预测本身就大有裨益，这就像为你清理了路上的杂树杂草。现在道路畅通了，你可以看到前方的路了。你很可能会发现：一旦视野开阔，你就能看到更广阔的风景。你很可能也会意识到：除了自己惯常的视角，还有其他可能，对于打破规则引发的灾难性后果，也觉得不那么可怕了。

然而，仅仅只是重新思考，可能还不足以让你相信事情没你想的那么糟。你还需要改变行为方式，通过直接的经验去了解真相。试验不同的做事方式（比如，更加坚定、更加自信，和人相处时，"冒险"做自己，或者，直面你之前可能会回避的挑战和机会），可以让你积累大量经验，这些与你最初的预测相悖的新经验将支持你新的视角。

试验可直接检验你的想法，让你有机会在现实中对它们进行调整，还可让你打破旧的思维习惯，强化新的思维习惯。它们会提供一个机会，让你亲自验证你的替代性想法是否与事实相符，这要么让你受益匪浅，要么让你决定自己是否需要再次思考。但是，这只有在你冒险进入之前回避的情境，放弃用来保证自身安全的预防措施时，才可能发生。试验可以帮你剔除无效的替代性思维方式，强化并完善那些有效的。如果没有试验，你的新想法基本上只能停留在理论层面；而有了试验，你将更深入地了解现实。

如何实施试验：用行动检验焦虑预测

你已经学会如何识别你的焦虑预测、它们对你感觉和身体状态的影响，以及你用来确保焦虑预测不要成真的预防措施。你继续往前，开始重新思考自己的预测，检验证据，寻找更现实、更有益的替代性看法。这些技术可用作实施试验的基础，让你亲自检验自己的预测是否准确。你可以有计划地试验不同的行为（比如，每天都计划并实施一个试验），也可以在计划外的情境中进行试验（比如，接到一个意料之外的电话或邀请），然后观察结果，填入第91页表4-4的最后一栏。

设计和实施试验，并从中总结经验，可分为六个关键步骤：
确保试验成功的六个关键步骤：

1. 澄清你的预测
2. 你会用什么来代替预防措施？
3. 实施试验
4. 结果是什么？
5. 你学到了什么？然后呢？
6. 肯定自己的"成就"

1. 澄清你的预测

首先，一定要清楚、明确地陈述自己担心的事情（你已经学过如何觉知自己的焦虑预测了）。针对具体的负面预测来设计试验，才能发挥最大的作用。如果你的预测模糊不清，结果也必定模糊不清：你难以确定它们是否真的发生了。因此，利用本章已经学过的技术，准确写下你预期会发生的事，如果事关重大，还应包括你想象中自己和他人的反应，并根据你的相信程度为每个预测打分（0—100）。例如，如果你预测自己会感觉很糟，你觉得自己的感觉会有多糟糕，事先为此打分（0—100），会以何种方式感觉糟糕。让许多人意外的是，他们发现自己确实焦虑了（打个比方），但是不如他们预期的严重，一旦他们跨过了最初的障碍，进入令他们恐惧的情境之后，尤其如此。事先评分可以让你检验你是否也是如此。

同样地，你的预测可能涉及他人的反应。你可能会认为：如果你做了某事，人们会对你失去兴趣或者不赞同你。如果是这样，那么事先明确哪些迹象能表明"事情确实如我所料"，他们说了什么或做了什么，可以表明他们确实对你失去兴趣或者不赞同你？包括微小的迹象，如面部表情改变以及视线转移等。一旦你明确了标准，明确了哪些迹象能表明"我担心的事情确实发生了"的标准，在具体情境中你将会准确地知道自己要寻找什么。

2. 你会做什么来代替你原本用来确保预测不要成真的预防措施？

你从自己的记录表中可以知道，你通常会采取什么预防措施来确保自己安全。如果你因袭蹈旧，你将无法发现自己的预测是否正确。即使你的试验看似效果良好，你还是会出现这样的感觉：我只不过是侥幸罢了。因此，你要尽可能明确：你可能采取什么措施来保护自己？将所有可能的措施都想出来——不管这样的措施多么微不足道。事先想好你要做什么来代替这些措施（"我会怎么怎么做"，而不是"我不会怎么怎么做"）。例如，如果你和人说话时，惯常的模式是回避眼神接触，因为害怕别人觉得自己无聊，所以尽可能不谈论自己，那么你的新模式可以是正视他们（如果没有任何线索，你怎么可能凭空得知他们的想法？），并且和对方一样，尽可能多地谈论自己。如果你害怕别人觉得你能力不够，所以惯常的工作模式是有问必答，绝不承认自己不懂，那么你可以试着说"我不知道"和"我对此没有看法"。如果你惯常的模式是隐藏自己的感受，因为完全表达感受可能让你失控，你可以试着对你信任的人稍微敞开心胸，谈些令你心烦或沮丧的事，或者更直白地表达感情。

3. 实施试验

为检验自己的预测，你的具体计划是什么，准备做哪些事？如果你的计划涉及其他人，那么谁是最合适的人选，让你开始试验不同行为模式？你到底打算改变哪些行为模式？你计划直面自己一直回避的事情吗？还是放弃你通常用来保护自己的预防措施？不论你决定做什么，当开始试验后，一定要密切观察当下的情况，包括你的想法（需特别留心自己是否又陷入焦虑思维偏向）、情绪、身体反应、正在做的事情（包括对不那么明显的安全寻求行为保持警惕），以及随后发生的事。你还需要事先明确：什么结果支持你的焦虑预测，什么结果与你的焦虑预测相悖，换句话说，你如何判定自己的焦虑预测是正确的还是错误的？

需要注意的是，你选择的情境应该是能让你走出舒适区，但是不能是太"恐怖"、对你要求太高的情境。如果你目标定得太高，那么焦虑会阻碍你进步，最终你会失望、泄气。但如果目标定得太低，那一切会照旧。所以学会走路之前，不要急着跑步，采用稳步前进的方式，保证自己能学习和成长。你的试验要具有一定挑战性，同时也要可控。

当你明确自己计划后，可以先利用想象"彩排"一下，然后付诸实施，密切观察试验中发生的事。

4. 你试验的结果是什么？

不论你试验的性质是什么，观察行为方式改变后的结果都至关重要，因为如果你最担心的事被证实为是错误的，未来遇到类似的情境，你就可以做出更准确的预测。如果你希望自己的试验都能发挥最大效用，那么事后一定要检视结果。你学到了什么？改变行为方式对你的感觉有什么影响？实际情况与你初始预测的一致性程度有多大？与你发现的替代性预测的一致性程度呢？实际情况对你的负面自我信念有何影响？对你的生活规则有何影响呢？两者一致吗？还是说，实际情况表明你可以更友善地看待自己？

就结果而言，有两种可能，这两种可能都是十分有用的信息源，可以让你了解是什么在维持你的低自尊。一方面，经验可能表明你的焦虑预测**不对**，而你发现的替代性预测更现实、更有益。如果是这样，那最好不过了。可是另一方面，有时候经验也会证实焦虑预测完全正确。如果是这样，不要绝望。这也是有价值的信息。事情是如何发生的？事情真的与你有关吗，还是与情境中的其他因素有关？除你之外，还有没有别的原因可以解释事情为何进展不顺？如果你确实在某些方面对发生的事有所"贡献"，那原因是什么？你是不是没有掌握充足信息，或者有些技术还需要进一步练习？未来你有没有什么不同的方式来应对这样的情境，借此得到不一样的结果？特别重要的是：你确定自己放弃了所有寻求安全的行为吗？

安全寻求行为可能非常隐蔽，所以一定要十分警惕，防止它们"阴魂不散"，当你忍不住庆幸"啊，还好做到了！"时，尤其要保持警惕。一定要诚实！回头看看发生的事，仔细审视自己。如果你还是没有放弃某些预防措施，那么，你觉得如果自己已经完全放弃焦虑预测，可能会出现什么情况？你可以如何检验？准确来说，你的行为还需要做出哪些改变？你会如何确保下次完全放弃安全寻求行为？

5. 你学到了什么？

你试验的结果意味着什么？这样的结果让你对自己、对其他人、对这个世界如何运转有何新的认识和了解？结果支持你的核心论断或生活规则吗？还是说，结果表明它们都不太准确，都存在一些害处？

这样的结果对你之后的行为有何启发？鉴于这次的结果，你下次遇到类似情境时，你觉得什么样的预测更合理？你是否会以这一具体案例的结果为基础，总结出更加普适的策略，帮助自己以后更有效地应对类似情境？

一次试验就完全改变焦虑性思维的情况十分罕见，更常见的情况是，经过不断试验，慢慢形成新的视角。所以，当你仔细搞清楚这一次试验的所有情况后，就采用同样的步骤，计划下一次需要实施的试验。下一次试验时，你如何运用以之前已积累的相关经验？你还需要进一步采取哪些行动？你需要重复相同的试验，增强对试验结果的信心吗？还是，你应该继续前行，在更具挑战性的新情境中，尝试类似的改变？你下一步准备做什么？

每次试验之前，都按照上面的方式归纳、计划一下，这样每次试验都会比前一次试验有所进步。每次学到的经验，也不会学过即忘，而是在你改变的路上踏出了坚实的一步。

6. 肯定自己的"成就"

不论你试验的结果是什么，都要为自己的勇气和决心鼓掌，为自己直面挑战、努力去做了一件事而点赞。这也是一种学习，学着接纳自己、重视自己，有助于发展出健康的自尊与自信。

一个例子：凯特购物

凯特需要购买一台新的洗衣机。她已经成功试验了向老板要回饭钱，并且发现自己的预测不准确。但是，她仍然怀疑自己能否有效表达自己的需求，所以她惯用的购物策略是不去实体店，转而在网上购物。她的预测是：如果自己去实体店，向店员询问所有可能的选择，店员会不耐烦，还会不尊重她。如果她不能立刻理解技术方面的问题，店员更会如此。她用来判断店员不耐烦、不尊重她的表现有：使用不耐烦的语气，离开她招呼另外的顾客，对别的店员使眼色等。遇到这些情况，她会假装懂了，只看一两种机型，还会觉得浪费了店员的时间而连连道歉。

她决定反其道而行之，根据自己的需要尽可能多问问题，搞清楚有哪些机型供自己选择，将所有价位的机型都看个遍，态度和善、友好，但完全不会表现出歉意。她重新思考过自己的预测之后，得出结论：对方有可能会做出她害怕的反应，但是这不太可能发生，而且这样的反应只能说明店员有问题，而不是她有问题。这给了她勇气去试一试。

让她沮丧的是，她试验的第一家店，店员的反应几乎和她的预测的一模一样。那个店员爱理不理，总是丢下她去跟别人说话，似乎也不关心她是否会买洗衣机。幸运的是，那天晚上，她有机会和一个朋友谈论当天发生的事。她朋友说，她在那家店几乎有过一模一样的经历，并推荐她去另一家服务更好的店试试。这让凯特对自己的经历有了全新的理解，而不是简单地认定自己最初的预测肯定是正确的。她重振士气，决定再次尝试。

最后她发现，原来采用更加坚定自信的新策略，也不一定会受到责罚。她问了许多问题，多次要求店员重复自己的话，看了全部的机型，最后还没有买。店员始终彬彬有礼，还把自己的名片给了凯特，说如果凯特有任何疑问，可以随时打电话。她在其他店以同样方式进行了更多试验，证实了她的全新经验。凯特的结论是："我自己的钱，我有权利决定怎么花，我也有权花充足时间做决定。问问题是 OK 的，不懂也是 OK 的，毕竟除此之外，我还能用什么方式搞清楚我需要了解的东西？如果对方表现粗鲁，那是他们的问题，而不是我的问题。"

当然，她仍然会在网上买东西，只不过现在网购只是她的一种选择，而不是因为害怕去实体店购物，所以不得不网购。在摆脱旧有焦虑的道路上，她踏出了重要的一步，同时也获得了很多新的机会。

本 章 总 结

1. 本章我们介绍了处理低自尊的三种核心技术：觉知、重新思考和试验。本章我们用这三种技术处理了焦虑预测。

2. 在一些情境中，你的生活规则可能会被打破，继而核心论断被激活，触发你的负面预测。

3. 这类预测混杂有思维偏向：高估事情出错的几率；如果真的出错，高估其严重程度；低估有助于掌控事态的个人内在资源和外部资源。

4. 为了防止预测成为现实，人们会采取预防措施。实际上，这些都是不必要的，还会让你无法验证负面预测正确与否。

5. 为了处理焦虑预测，你首先需要学习的是：当焦虑预测冒头时，学会识别、观察焦虑预测对情绪和身体状态的影响，以及由此引发的不必要的预防措施（觉知）。

6. 下一步是质问焦虑预测，检视与其相符以及相悖的证据，并寻找更现实的替代性预测（重新思考）。

7. 建立自信最有效的方式是，改变行为方式，然后发现自己真的能行。所以，最后一步是通过个人最直接的经验，检验初始预测与替代性预测的准确性。具体的做法是实施试验：直面通常回避的情境，冒险放弃不必要的预防措施。

第 5 章
质问自我批评想法

引 言

对于低自尊者，负面自我信念（核心论断）被经验证实后，自我批评想法随之而来。因为自我批评会引发内疚、羞耻及抑郁等感觉，进而使核心论断一直处于激活状态，所以有助于维持低自尊。本章将带你探索自我批评想法对你的感受及生活的影响，了解为何自我批评弊大于利，学习如何察觉自己的自我批评想法并质问它们，（在记录表和一系列问题的帮助下）寻找更具同理心、更平衡的看法。

自我批评的影响

低自尊者对自己很严苛，自我批评几乎就是他们的一种生活方式。他们责骂自己，跟自己说"你原本可以表现得更好"，并且只要事情出错，就会贬低自己。他们时刻准备着抓住自己每个细小的弱点和错误。对他们来说，这些不是"人无完人，孰能无过"的体现，而是自己有所欠缺或失败的证据，标志着自己就是不够优秀。低自尊者会因为"自己应做但是没做"的事批评自己，也会因为"不应做但做了"的事批评自己，他们甚至会因为自己这么爱批评自己而批评自己。

低自尊者一旦发现面临困难或者自己某方面出了错，就会以偏概全地评断自己（"愚蠢""能力不足""没有吸引力""糟糕的母亲"等等）。这些评断完全无视了"硬币的另一面"：他们也有不符合评断的部分。最终的结果是一个带有偏向的看法，而非平衡的观点。并且，自我批评想法本身就带有偏见。

　　自我批评想法导致痛苦的感觉（悲伤、失望、生气、内疚），并维持低自尊。以迈克为例，他意外撞到突然从人行道走下来的妇女并致其死亡（第42页）。受事故困扰几个月之后，迈克一度感觉好多了。事故在他脑子里"重演"的次数似乎少多了，他感觉放松多了，能更好地掌控事情了，恢复到了以前的状态。

　　然后，某天，他女儿很晚才从学校回到家。迈克被吓坏了。他坚信自己女儿遭遇了非常恐怖的事。实际上，她女儿说了要去朋友家玩，只是迈克忘了。女儿进屋时，他大发雷霆。之后，他感到无地自容：我竟然做出了这种事！他想："这就是个例证，我真的回不到从前了。我完全就是一团糟。"他感觉越来越沮丧。"振作起来，"他对自己说，"这很可悲，你需要控制自己。"这一插曲证实了他最可怕的自我怀疑：毫无疑问，他是一个可悲的病人。并且，改变的可能微乎其微。迈克打算放弃了。

　　你可以通过下面的试验，大概了解一下自我批评想法对情绪的影响。朗读下面列出的词语，认真点，充分理解每个词语。想象用它们来形容你，注意它们对你自信以及情绪的影响：

没用	毫无吸引力	能力不足
软弱	讨人嫌	丑陋
可悲	不被需要	愚蠢
一无是处	低人一等	不足

自我批评思维能瓦解任何正面的自我感觉,并将你打倒。你甚至可能对上面列出的部分词语颇为熟悉——你曾用它们批评自己,如果是这样,将你批评自己的词标记出来。除此之外,当你自我批评时,你还用过哪些词描述自己?把这些词都记下来,这些都是你需要提防的词语。

本章将教你利用上一章学到的核心技术,来获得一个更加平衡宽容的自我信念。下图是本章将处理的恶性循环部分:

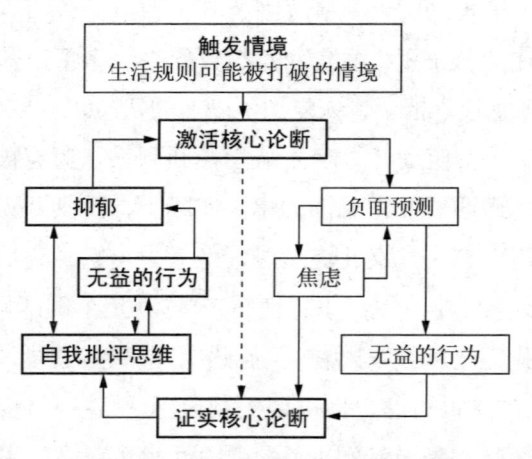

图 5-1 恶性循环:自我批评在维持低自尊中的作用

在下一章中,我们将关注"硬币的另一面":学着更多地了解自己的积极面,更多地关注自己优势、资本、品质及才华,学着像关心你在意的人一样关心自己。

为什么自我批评弊多利少

在许多文化中,自我批评被认为是有益、有用的。"不打不成器"就反映了这种观点,这句话暗示成长的道路需要纠正与惩罚。人们有时候害怕自我感觉良好会导致自夸自大（后面讨论提升自我接纳的章节会再次讨论这个问题），因此小孩受的教育是：通过强调他们犯的错误，而不是通过强调并表扬他们的优点和成功，来教会他们行为得体、努力上进。父母和老师可能花很多时间指出小孩的错误，而不是指出他们做对了什么事。这可能会给孩子带来这样一种感觉：自我批评是一个人成长的唯一正道，如果停止自我批评，你就会陷入自以为是、自我放纵的泥潭之中，再也不会达成任何有价值的成就。

因此，自我批评思维通常在生命早期就习得，变为一种习惯，一种"膝跳反射"，让你无法清楚意识到自己有这种思维。甚至，你可能认为自我批评有益且具建设性，是自我完善的捷径。这种观点值得详细探讨。你会发现，事实上，自我批评存在许多严重的弊端。

自我批评让你变得无力，让你感觉很糟

选一个很自信的朋友，想象有人时时刻刻跟在他后面，指出他任何微不足道的错误，跟他说："虽然你的表现已经很不错了，但还可以做得更好/更快/更有效"，责骂他，要求他忽视或低估任何成功、成就或者积极的方面。几天或几周之后，你觉得这样持续不断、点点滴滴的批评会产生什么影响？他会有什么样的感觉？这会对他应对生活并取得成功的自信产生何种影响？又会如何影响他做出决定并采取行动的能力？这会让他的生活更轻松还是更艰难？你愿意做不断指出他错误的那个人吗？如果不愿意，为什么？

如果你的自我批评思维已成为习惯，那么你很可能就是这样对自己的，但是你可能都没有明确意识到自己在这样做。自我批评想法就像你肩上站了一只鹦鹉，一刻不停地在你耳边聒噪，表达不认

同。想一想，这会让你多么沮丧、多么泄气，让你无法做出改变、无法成长。

自我批评不公允

西德尼·史密斯（Sydney Smith）曾担任伦敦圣保罗座堂的主任牧师，他一度饱受抑郁之苦。当一名同样受抑郁之苦的女士向他求助时，他说："不要对自己太严格，也不要低估自己，要对自己公正。"换句话说，就是对自己公平一点。但是自我批评思维却不是如此。

爱自我批评意味着，即使对微小的错误、失败或差错，你的反应都是做出评断，而且是"一票否决"式的评断。你探测错误及弱点的"雷达"高度敏感，并且一旦探测到，你就会借此全盘否定自己。你告诉自己：作为一个人，我很糟糕，我很可悲，我愚不可及。这公允吗？

实际上，你是由成千上万的行为、感受和想法定义的，这些行为、感受和想法有些好，有些坏，有些不好不坏。当你犯了一个错误，或者做了一件后悔的事，然后以此为基础全面谴责自己的时候，相当于只采纳片面性的证据，仅仅考虑了自己消极的方面，却得出一个关于自己的一般性结论。现实点：认同自己的资本和优势，同时承认"人无完人，孰能无过"。

自我批评妨碍学习和成长

自我批评瓦解你的自信，让你感觉沮丧、气馁、萎靡不振，还让你自我感觉不好。自我批评非但不能帮助你解决问题，相反，它妨碍你清晰地思考你自己以及你的生活，还妨碍你改变真正需要改变的地方。一般来说，相比于失败时受到批评和惩罚，成功时受到奖励、赞扬和鼓励能让一个人学到更多。自我批评只是简单指出你错误的地方，让你感觉糟糕，并不能指导你如何在下次做出改进。如果你仅仅只注意到自己做错了什么，你就失去了从正确经验中学习的机会，也失去了重复正确经验的机会。类似的，如果每次只要一犯错误，你就否定自己，你也失去了从错误中学习、建设性地改变需要改变的地方的机会。

自我批评忽视现实

当事情出错时，除了批评自己的所作所为，你很可能会跟自己说："我原本**不应该**那么做"，你认为换个做法可能才是对你最好的，你的想法或许正确。事后再来看，当然更容易看清"我原本应该怎么做"。但是，对你来说，事情**发生的当下**情况如何？事实上，即使最后证明你的做法错误、被误导或者是让你悔恨，很可能你当初那么做的理由很充分。鉴于当时所有的情况（你累了；你没有考虑清楚；你信息获取不足，无法以最好的方式做出处理），你当时那样做完全是**理所应当**的。

这并不意味着，在你真的做了一些值得后悔的事后推卸责任；或者忽视你真正犯下的错误。如果你能在检讨过去时把事情看得更清楚，利用新的看法吸取经验教训，那么当你再次碰到类似的情境时，就能有不同的应对方式。但是，沉湎于过去，一直用后悔"鞭打自己后背"，只能让你感觉糟糕，使你无力，不能帮你清晰地思考，也不能让你下次做得更好。

自我批评会在你跌倒时再补一脚

人有时候会因为自己不自信、不坚定、焦虑或者抑郁，而进一步批评自己，因而更加萎靡不振，自信心更加减弱。这是一个普遍性的问题,只要条件具备,可能影响我们大多数人(甚至影响我们所有人)。

这些低落的感受是我们遭遇压力事件时正常的反应,并可看作是由我们的早期经历所塑造的。它们不意味着你在根本上出了什么问题。很可能任何与你经历相同的人,都会像你一样看待自己,日常生活会受到同样的影响。在本书以及其他资源(如果有需要的话)的帮助下,你将能够学到一些方法,更成功地应对你的自我怀疑及其后果。可以肯定的是,因为遇到困境而批评自己,无益于解决问题。

质问自我批评想法

前面我们已经明确了自我批评想法的危害,那么你该如何对付它们呢?其实,用到的技术和质问并检验焦虑预测的技术一样(参见第四章,73—105页)。它们是:

1. 觉知:当自我批评想法出现时,学着察觉到它们。
2. 重新思考:质问自我批评想法。
3. 试验:练习更友善地对待自己,按照新的视角行事。(第9章将详细讨论这个问题)

下面,我们依次来探讨这些技术。

1. 觉知:当自我批评想法出现时,学着察觉到它们

自我批评的"警示信号"有哪些?是思维模式(例如全面性的

自我评断，"我应该这样，应该那样"）？还是情绪变化（例如自信降低，感觉内疚）？是身体感觉（例如心神不定、下巴收紧）？还是你的一些习惯性反应（避开人群、比任何时候都更勤奋）？努力找出自己的"自我批评信号"。

增强对你自我批评想法的觉知，有时候并不容易。如果你的低自尊已持续了很长时间，自我批评可能已成为一种几乎无法察觉的下意识习惯，成为你自我信念的常规部分，这种情况下尤其如此。因此，第一步是，当你贬低自己时，学着察觉到你在贬低自己，学着观察它对你的感受和生活的影响。

当你自我批评时，你的情绪会受到影响。通常，情绪状态的变化是自我批评思维已启动的最好线索。你对自己严苛时，你体验到的情绪很可能与焦虑、忧惧、害怕或恐慌（预测事情会出错时，就会触发这些情绪）不同。你更可能感觉：

内疚	惭愧
悲伤	尴尬
对自己感到失望	生自己的气
受挫	抑郁
无望	绝望

前面有关焦虑预测的章节已经讨论过，改变旧有思维习惯的第一步是：当这样的思维习惯出现时，能够察觉到它们。对于伴随自我批评而出现的情绪，你可以带着好奇接近它们，学着将它们当做重新思考和采取行动的线索，而不是完全被它们"俘虏"。第117页的"察觉自我批评想法"工作表将是一个有用的辅助工具。该工作表可以帮助你在自我感觉不好时，注意到自己脑中的想法，有助

于你更加清楚了解这些想法如何影响你的生活，以及它们如何维持有关低自尊的恶性循环。你很可能会发现相同（或者非常相似）的想法在你头脑中反复出现。

练习几天后，你将对感觉的变化以及引发感觉变化的自我批评想法更加敏感。一定要记住：这些想法只是观点或旧的习惯，不是你真实情况的反映。这样，即使在系统地质问它们之前，你就可以将自己与它们疏离（产生类似于"啊！又捉到一个自我批评想法！"的感觉）。

如何使用"察觉自我批评想法"工作表

该工作表旨在帮助你提高自我觉知，倾听到自我批评想法，并将此作为质问自我批评想法，发现更有益、更现实的替代性想法的出发点。第117页给出了一份空白示例，第118页则给出了一份完整示例；附录还有更多空白副本。

和焦虑预测一样，相比于每天的记事日记，一份带有表头的结构化记录表可能对你更有帮助。它可以帮你清晰地思考当下的情形，而不是陶醉于记事，或者沉浸于沮丧情绪之中。因为你正在处理自我批评思维，所以使用这样的记录表尤其重要。因为自我批评想法通常是你核心论断的密切反映，因此，对你来说，自我批评想法可能特别具有说服力。即使你决定使用个性化的纸质或电子记录表，借鉴工作表中的表头也会大有帮助。

要增强对自我批评想法的觉知，最好的方法是一旦它们出现，就尽快记下来。你会发现该工作表表头与"预测和预防措施工作表"（第82页）的表头非常类似。你需要记下：

日期及时间

你何时会自我感觉不好？利用这一信息逐渐总结出固有模式，和处理负面预期是同样的做法。

情境

你开始自我感觉不好时，情境是怎样的？你身处何地？和什么人在一起？在做什么？简短描述所发生的事（如"我邀请一个女孩出去，她拒绝了"或者"老板让我重写报告"）。你可能只是在做稀松平常的事（如洗碗或看电视），触发你自我批评想法的并不是周围发生的事，而是你自己思绪里的某件事。如果是这样，写下你当时关注的主题（如"想到我前夫要陪小孩过周末"或者"想到曾在学校受到欺凌"）。准确地写下你当时的所思所想——那些应该归入"自我批评想法"一栏。

情绪和身体感觉

你可能只感受到一种主要的情绪（如悲伤），或者体验到了几种情绪混杂在一起（如不仅有悲伤，还有内疚和愤怒）。如果是焦虑，你可能还会感受到身体状态的变化（如不安、反胃恶心或双肩如有重负）。写下每种情绪以及身体感觉，并且根据其强烈程度，从 0 到 100 评分。记住：5 代表非常微弱的情绪或身体感觉；50 代表中等程度的情绪或感觉；而 100 代表情绪或感觉的强度达到了极限。你可以在 0 到 100 之间任意评分。

自我批评想法

当你自我感觉不好时，你脑子里想的是什么？和焦虑一样，你的想法可能是言语式的，就像你意识里的一次对话或评论。比如，你可能会不停责骂自己，或者一直跟自己说"我本可以做得更好"。尽可能准确地写下你的想法。此外，你的一些想法可能是"心眼"所见，以画面形式呈现。比如杰克，小时候因好动及好奇给自己惹上麻烦，看到的画面可能是他父亲勃然大怒、不以为然的面孔，而他自己的身体蜷缩成一团。如实简短地描述这样的画面。如果可以，还可以记下这些画面传达给你的信息（对于杰克来说，那个画面的信息就是他再一次犯错了）。

有些时候，你发现自己感到沮丧，但是不能识别出任何类似的想法或画面。如果是这样，问问自己：当时情境的含义是什么？这一情境传达了关于你的什么信息？什么样的人会遭遇那样的情境，或者会有那种举动？别人会因此怎么看待你？对你未来有何影响？这些问题可能会让你理出一点头绪，搞清楚这个情境让你沮丧的原因。比如，争论可能表示别人不喜欢你。一个朋友又给你讲了一个爱情故事，可能表示，与那些已经拥有爱情的人不同，你找不到爱你的人。反思你开始自我感觉不好时的情境，弄清其含义。一旦你理解了其中的含义就写下来，留待之后质问这些画面和含义，你将发现自己还能有别的选择。以语言形式呈现的想法同样如此。

和焦虑预期一样，你可以给每个自我批评的想法、画面或含义评分，评分范围从 0 到 100，标准是：它们出现时，你觉得它们是否真实的程度。100 代表你完全相信，丝毫不怀疑；50 代表你将信将疑；5 代表你只有一点点相信。同样地，你可以在 0 到 100 之间任意评分。

自我挫败行为

你的自我批评想法会对你的行为产生什么影响？自我批评想法

表 5-1 察觉自我批评想法工作表

日期/时间	情　境 当你自我感觉不好时，你正在做什么？	情绪和身体感觉 （如悲伤、生气、内疚） 强度评分 0—100	自我批评想法 当你开始自我感觉不好时，你在想什么？（比如，以言语、含义形式呈现的想法） 底在想什么？你脑子里到的画面，相信程度评分 0—100	无益的行为 出现自我批评想法之后，你做了什么？

表 5-2 察觉自我批评想法工作表——以迈克为例

日期/时间	情 境	情绪和身体感觉	自我批评想法	无益的行为
	当你自我感觉不好时,你正在做什么?	(如悲伤、生气、内疚)强度评分 0—100	当你开始自我感觉不好时,你脑子里到底在想什么?(比如,以言语、画面、含义形式呈现的想法)相信程度评分 0—100	出现自我批评想法之后,你做了什么?
3月5日	因为凯莉回家晚了而大发雷霆。完全忘了她要去露西家	内疚 80	这就是佐证——我真的失控了 100	怒气冲冲摔门而出,去了酒馆。很晚才回家,把自己一个人关在地下室看电视。不和任何人说话
		受够了自己 100	我完全就是一团糟 95	
		无望 95	我应该振作起来 100	
			这很可悲 100	
			我怎么了?我认为自己绝对无法变回从前那个我了 95	

不仅影响你的感觉，它们同样影响你的行为。这些想法会让你的行为不符合你的利益最大化，还可能使你的低自尊持续。

在你工作表的最后一栏记录以下内容：针对这些想法，你做了什么，没做什么。比如，你是否道歉了？是否退回到自己的壳里？是不是没有表达自己的需求？你是否被当成了出气筒，或者被人轻视了？你是否错过了一个本可以抓住的机会？

让"察觉自我批评想法"工作表发挥最大效用

为何要大动干戈写下来？

当体验到自我批评想法时，为什么不能只是在心里特别留意并记住发生了什么？因为，前面我们就说过，我们的记忆是不可靠的：记忆会变形，更会随着时间逐渐淡忘。将实际发生的事记下来，你就有个具体的东西供你思考并反思，事情的细节也不那么容易遗忘。你可以从中发现反复出现的模式，思考在不同情境中，想法如何影响行为，并了解到当你自我批评时，具体的用词是什么。

另外，很多人都有过这样的体会：把自己的想法写下来，可让你和这些想法疏离开来，并将它们赶出脑海（打个比方）。正因为那些想法好像已经成为你的一部分，所以很难质疑其真实性。可是，当你把它们诉诸文字，你就能站到一旁，认真审视它们，并获得一个不一样的视角。这有助于你朝下面这个目标前进，也就是，你会开始想："啊哦，这里还有个自我批评想法！"还有助于你只是将它们看作你做的事情，而非你自身的真实反映。

我要记录多久？我需要记下多少想法？

持续记录，直到清晰了解你的自我批评想法，以及这些想法对你情绪状态和行为的影响。刚开始，你可以每天记下一两个例子，然后找出那些具有代表性的例子：那些你经常用来批评自己的"不友好"用词用语。当你觉得自己能自发地注意到这些想法，并观察其影响时，你就可以前进一步，也就是，找出替代性的想法。这个过程可能几天就可以完成，但是如果你的自我批评思维已根深蒂固，成为你下意识的行为，花费的时间可能就要长一点。

我应该什么时候记录？

和焦虑预期一样，理想状况是一出现自我批评想法就立刻记录。这就要求你在一段时间内，随身携带记录表。随时记录的原因是：尽管自我批评想法的影响当下十分强烈，但过后你可能很难准确记起当时的想法。当你的自我批评想法只是一闪而过，或者你非常痛苦时，你会更容易忘记这些想法和感觉的准确细节及特点。这样的话，你之后想要质问这些想法，寻找替代性想法就会变得十分困难。

但是，理想状况往往难以实现。你可能在开会，或者在一个派对上，或者在给小孩换尿布，或者正开车行驶在繁忙的高速公路上。如果你不能及时写下发生的事，也一定要特别留意，记住使你沮丧的事，或者在随手可得的媒介（如信封背面、日记本、购物清单、电脑或者平板电脑）上简单记下一个线索。之后再留出时间，写出详细的书面记录。在你心里回放行为——尽可能生动地记下你在何地、做了何事，你开始自我感觉不好的时刻，以及在那个时刻，你心里想的是什么，你做了什么来应对那些想法。

不能把注意力集中在使我沮丧的想法上？

直面你的想法本来就是件很可怕的事，尤其当这些想法密切反映了你的核心论断且看上去极具说服力，或者自我批评习惯已根深蒂固时，更是如此。你很可能在不知不觉中，就将这些想法放过去了，没有仔细审视。可能你害怕它们会让你沮丧。另外，如果最终证明它们是正确的，该怎么办呢？又或者，可能你内心深处早已知道这些想法有失偏颇并且被放大了，你感觉你自己本应该甩掉它们，而不是继续苦恼，继续陷入其中无法自拔。

不愿把注意力放在令人沮丧的想法上是人之常情，当怀疑这些想法可能是事实时，尤其如此。你可能不愿将这些自责性的评断诉诸文字，并且觉得这种想法颇为合理。但是，如果你想有效地对抗你的自我批评想法，就有必要首先直面它们：你需要知己知彼。因此要警惕各种借口（"我稍后再做""详述某事没什么帮助"）。如果你屈服于这样的借口，就等于主动放弃了以更友善的视角看待自己的机会。另外，无视这些想法并不能让它们消失。

2. 重新思考：质问自我批评想法

提高对自我批评想法的觉知，是质问并重新思考而不是简单地接受它们的第一步。你在学习检验自己的焦虑预测（记住第 90 页的问题）时，已经练习过这一技术了。现在的目标是，不再将自我批评想法作为与自己有关的事实陈述，同时开始寻找替代性的视角，让你获得一个更平衡的看法。

在第 123 页，你会看到一张空白的记录表，名为"质问自我批评想法"；附录中还有更多空白副本。第 124 页给出了一份完整的示例。你会发现，该记录表的前四栏与"察觉自我批评想法"相同（日期/时间；情境；情绪/身体感觉；自我批评想法）。然而，这份新的记录表并未止步于此。它同样要求你记录"替代性视角"（重新思考），评估它们对你最初想法和感受的影响。最后，它要求你制定一项行动计划，以检验替代性视角的帮助有多大（试验）。

除了继续收集"察觉自我批评想法"要求的信息，你还需要记下：

替代性视角

你不需要凭空制造自我批评想法的替代物。你可以使用第128页列出的一系列问题，以及本章接下来对这些问题的详细讨论，来帮助你获得替代性视角，并以此审视你的想法。根据你对它们的相信程度评分，与初始自我批评想法的评分过程一样（如果你深信不疑，则评100分；如果你完全不信，则评0分，以此类推）。你无需百分之百相信你所有的答案。然而，其说服力应至少能让你的感觉有所改变。

结　果

回到你最初的情绪和身体感觉：其强烈程度现在能打多少分？采用百分制评分。然后回到你初始的自我批评想法：既然你已找到了替代性想法，你对它们的相信程度现在能打多少分？给每个想法一个新的评分，同样采取百分制。如果你的答案有效起效，你对自我批评想法的相信程度，以及随之而来的痛苦情绪，应该均会在某种程度上有所减轻。

帮助你找到新想法替代自我批评想法的关键问题

人们很少能立刻想出新的想法，来替代自我批评想法。下面这些问题（问题汇总在128页），就是帮你探索新的视角，认识到自我

表 5-3 质问自我批评想法工作表

日期/时间	情 境	情绪和身体感觉 评分 0—100	自我批评想法 相信程度评分 0—100	替代性视角 利用关键问题，寻找其他看待自己的视角。相信程度评分 0—100	结 果 1. 既然你已找到替代自我批评想法的新想法，你感觉如何（0—100）？ 2. 你现在对自我批评想法的相信程度是多少（0—100）？ 3. 你现在能做什么（行动计划，试验）？

表 5-4 质问自我批评想法工作表——以迈克为例

日期/时间	情 境	情绪和身体感觉 评分 0—100	自我批评想法 相信程度评分 0—100	替代性视角 利用关键问题，寻找其他看待自己的视角。相信程度评分 0—100	结 果 1. 既然你已找到替代自我批评想法的新想法，你感觉如何（0—100）？ 2. 你现在对自我批评想法的相信程度是多少（0—100）？ 3. 你现在能做什么（行动计划，试验）？
3月8日	又和凯莉吵了一架。她想坐一个朋友的摩托车出去	内疚 80 生自己气 100 无望 90 紧张担心 100	我又"重蹈覆辙"了，无缘无故发脾气。我很失败 100 我需要让自己冷静下来，否则我会毁掉一切 100	确实，这样的状况，我不该如此生气，可是，这是因为我担心她。摩托车非常危险，因而我害怕失去她。因此，我生气确实不是缘无故。100	1. 内疚 40 生自己气 30 无望 40 2. 30 20 50

续表

		3. 告诉凯莉很抱歉朝她大叫,并解释为什么。跟藏夫(我妻子)谈心,告诉我我的感觉,而不是拒绝她千里之外。寻求帮助?
这没有尽头 90	我真的需要为此做点什么,确实没错。我已经改变了很多。不过,我经历了一些确实很糟的事,因此,可能我不是平常的自己,也并不奇怪。90	争吵对我们两个人都不好。但是,事实上,我们通常可以翻篇。她是一个好女孩,即使当时表现出了少女的暴躁。我们共度过一些美好时光。95
		我不知道如何去应对。这种情况有段时间了。我虽然不喜欢,但是可能是寻求帮助的时候了。50

批评想法是片面的、存在偏向的。刚开始时，建议把全部问题都过一遍，大概了解一下什么是质问自我批评想法。然后继续往前，你需要留心：对于处理你个人风格的自我批评思维，哪些问题特别有效？例如，你可能已养成习惯，原本不是自己的责任，却将所有错误都揽下来。或者，你站在第三者的角度想一想：如果是另一个人碰到和你相同的情境，你会对他说什么，这可能会对你有所启发，得到一些新的想法。你可以在一张可以放兜里的小卡片或电子设备上，记下这些特别有帮助的问题，并在自我批评想法袭来时，借助这些问题来解放你的思维。多加练习，这些问题将会成为你的"心理武器"。到这个时候，你就不需要书面提示了。

证据是什么？

我混淆了想法和事实吗？

只是因为你相信某些事是真的，并不意味着它就是真的。我可以相信自己是一头长颈鹿，但是，这会让我成为一头长颈鹿吗？你的自我批评想法可能只是一种观点，一种基于之前不幸的学习经历而产生的观点，而不是你真实自我的反映。

支持我自我信念的证据是什么？

当你批评自己时，你的依据是什么？你有什么实质性的证据支持你对自己的看法？有什么事实或观察结果（而非看法或观点）可以支持你的自我批评想法？

与自我信念不符的证据是什么？

你能想到任何表明你不良自我信念并不完全正确的事情吗？或者，根本就完全与其相悖的事情？比如，如果你批评自己愚蠢，你能想到任何表明你不蠢的事情吗，无论是过去还是现在的事情？发现反面证据可能并不容易，因为你倾向于筛除或低估这样的证据。

但这并不意味着反面证据不存在。建议找一个你信任或支持你的人讨论这个问题，因为相比于你对自己的看法，他们对你的看法可能更清晰。

有什么替代性的视角？

我是否认定我看待自己的视角是唯一可能的视角？

任何事情都能从许多不同的角度来看待。你感觉更自信并且事情尽在掌握时，你会如何看待这天的某个情境？十年后，你认为自己会如何看待它？如果你的一个朋友带着同样的问题来找你，你会说什么？你朋友知道你的想法后，会说什么？他们会同意你的想法吗？如果你是不久前才丧失自信，在此之前，你会如何看待这一情境？记住：通过可获得的证据检验替代性视角。完全没有现实基础的替代性视角对你也不会有帮助。

我看待自己的方式有何影响？

这些自我批评想法对我有帮助吗，还是会妨碍我？

在这个的情境中，你想要什么？你的目标或目的是什么？你希望事情如何发展？记住前文有关自我批评思维利弊的讨论。现在，自我批评是弊大于利吗？你如果想在该情境中满足自己的需求，自我批评是最好的方式吗？还是说，一个更平衡、更具同理心、更鼓舞人心的视角会更有帮助？你的自我批评想法有助于建设性地处理事情吗，还是会引发自我挫败行为？

我的自我信念中有哪些偏向？

我是否在妄下结论？

所谓妄下结论就是说，在没有适当证据支持你观点的情况下做出评断。比如，有人没打电话给你，你就断定说自己肯定做了得罪他们的事，而实际上，你并不知道他们行为背后的原因是什么。低自尊者通常容易妄下结论，尤其是自我贬低式的结论。你也有这样的习惯吗？如果是，记住检视证据，检视事实。当你视野更开阔时，你会发现，你自我批评式的结论是错误的。

表 5-5　帮助你找到新想法替代自我批评想法的关键问题

- **证据是什么？**
  - 我混淆了想法和事实吗？
  - 支持我自我信念的证据是什么？
  - 与自我信念不符的证据是什么？
- **有什么替代性的视角？**
  - 我是否认定我看待自己的视角是唯一可能的视角？
  - 我有什么证据支持替代性的视角？
- **我看待自己的方式有何影响？**
  - 这些自我批评想法对我有帮助吗，还是会妨碍我？
  - 什么样的视角对我更有帮助？
- **我的自我信念中有哪些偏向？**
  - 我是否在妄下结论？
  - 我是否使用了双重标准？
  - 我在以"全有或全无"的方式思考吗？
  - 我对自己公平吗？我是否基于单一事件而全面谴责自己？
  - 我是否只关注我的弱点，而忘了我的强项？
  - 我是否因别人的错误而责怪自己？
  - 我是否期望自己完美无缺？

我是否使用了双重标准？

低自尊者通常苛于己而宽于人。他们对自己的标准比对别人的标准更高、更严格、更难以企及。相比于其他人，你对自己是否期望更高？你对别人会这么严苛吗？

为了辨别自己是否使用了双重标准，你可以问自己：如果你在意的某个人带着困惑来找你，你的反应会是什么？你会告诉他们"你软弱"还是"你愚蠢"还是"你可悲"，抑或"你应该不至于蠢到这种程度"？或者，你会表达鼓励和同情，试着帮他们厘清事情来龙去脉，寻找建设性的处理方法？低自尊者有时会担心：一旦对自己稍有"纵容"，自己就会一事无成。事实正相反。想想小孩学步、学语的例子。如果小孩只要跌倒或说错一个字，父母就对他大吼大叫，就批评责骂他们，你觉得这会产生什么影响？你会这样对待一个小孩吗？如果不会，为什么你会这样对自己？

何不试试一种不同的策略？也就是，从一贯批评和反对的立场退后一步，试着"待己如待人"，试着宽容、赞同、鼓励自己。你会发现，你对自己越友善，感觉会越好，更能够清晰地思考，行动也会更具建设性。

我在以"全有或全无"的方式思考吗？

全有或全无（或者"非此即彼"）思维过度简化事情。几乎所有事情都是相对的（"有时候"，而不是"总是或从不"；"稍微"，而不是"全然如此或根本不如此"；"有些"，而不是"全或无"；"有的人"，而不是"所有人"）。比如，人通常不是全好或全坏，而是有好有坏。通常事情也并非彻底的灾难或彻底的好事，而是有利有弊。你是以非此即彼的方式看待自己吗？你使用的语句可能是线索之一，留心极端性的用词（总是/从不、每个人/没人、一切/没有一个），它们可能反映了非此即彼的思维。事实上，事情的界限很可能没那么分明。因此，找寻灰色地带吧。

我对自己公平吗？我是否基于单一事件而全面谴责自己？

低自尊者通常基于自己某一次的言行、身上某一个毛病或者自己某一侧面，就对自己作出全局性的评断。他们一旦遇到困境，就认为：自己作为一个人毫无价值。你会像这样作出全局性的自我评断吗？某个人不喜欢你，你就认为肯定是自己哪里出了问题？犯了个错误，就认定自己是个失败者？一个电话漏接了，你就是自私、没责任心？根据你做的某一件事来评断你整个的为人是不合理的。假设你非常漂亮地做成了一件事，就表明你是一个毫无瑕疵、完美无缺的人吗？可能你在梦里都不会得出这样的结论吧。但是轮到你的弱点、失败及错误时，你可能就轻率地全面否定自己了。你需要拓宽视野，尤其要记住：当你自我感觉不好或者感觉失落时，你注意力会被导向任何符合你不良自我信念的事情，并摒除任何与之不一致的事情，这使你评断的偏差更加严重。因此，谨防自己做出全局性的评断，除非你确实考虑了所有的证据。

我是否只关注我的弱点，而忘了我的强项？

低自尊让你只关注你的弱点，忽视自己的强项。低自尊者常常忽视自己过去也曾成功过，常常忘记自己有资源战胜目前的困难，常常把自己的优势和品质排除在外。相反，他们只关注失败和弱点。日常生活中，这可能意味着：每天都留意并记住你当天出错的任何事情，忘记或者低估你享受或达成的事情。在困境中，则很难想到自己任何的良好品质或才华。

试着保持平衡的自我信念十分重要。当然，你肯定有不擅长的事，也做过后悔的事，希望自己在某些方面做出改变。每个人都是如此。但是，硬币的另一面是什么？你擅长的事情是什么？他人欣赏你什么？你喜欢自己什么？

你曾经如何应对困难和压力？你的强项、品质和资源是什么？（我们将在第 6 章详细讨论这个问题。）

对于只关注坏的方面，而忽视好的方面，有一个巧妙的方式来描述这一不自觉的倾向：就像你内心住了一个极度警觉、强大且高效的检察官，对每个缺陷和弱点都十分警觉，时刻准备着立即"定罪"。你需要一个同等强大的"内在律师"，以极具说服力的方式出示辩护证据。并且最重要的是，必须发展出一个"内在法官"，就像一个真正的法官，不偏不倚考虑**所有**的证据，得出一个公允且平衡的看法，而不是仅仅根据检察官提供的证据就定罪。记住西德尼·史密斯的话："要对自己公正。"

我是否因别人的错误而责怪自己？

当事情出错时，你是否考虑了所有可能的原因，还是倾向于立刻认定：就是因为自己有所欠缺？举个例子，如果朋友失约，你是否会自动认定，肯定是你做了什么事惹恼了他们，或者他们不想再进一步了解你？

事情进展不顺的原因有很多。当然，有时候确实是因为你做了某事。但是，通常都涉及其他因素。比如，你的朋友可能忘了，或者特别忙，又或者记错了约好的时间。如果你在事情出错时，自动承担责任，你就很难发现出错的真实原因。如果你一个朋友遇到这样的情况，你会怎么解释？你会想到哪些可能的原因？如果你开放心态，想一下还有没有别的解释，你可能就会发现：你不应该受到那么大的责备。事实上，发生的事可能与你毫不相干。

我是否期望自己完美无缺？

前面说过，低自尊者通常给自己设定了很高的标准，这反映在他们的生活规则之中（我们会在第 7 章讨论这个问题）。比如，他们可能认为自己应该游刃有余地冷静处理生活中的任何事情。或者他们坚信，不论环境和个人代价如何，他们都应该以最高标准完成所有的事。这显然不现实，而且相当于打开了一个闸门，放任自我批评、内疚、抑郁、不足等痛苦的感觉泛滥。显然，除非你是超人，否则你不可能总是把所有事情都做到完美。如果你预期如此，你就注定失败。

接受自己不完美，并不意味着你必须放弃努力。而是说，你可以为自己设定现实的目标，当你完成这一目标时，即使不够完美，也给自己点赞。这会让你自我感觉更好，并激励你继续前行，并且再次尝试。接受自己不完美，还意味着你能从自己的困境和错误中学习，而不是沮丧，甚至是被它们打倒。英国作家 G.K. 切斯特顿曾说过："凡是值得做的事，失败也是值得的。"

3. 试验：练习更友善对待自己，按照自己新的视角行事

这里要问的是：我能做什么来实践更友善的新视角，以更具同理心的方式对待自己？我们要重新回到第 4 章学过的试验技术。也就是，先弄清楚你需要做什么来检验新的视角，然后付诸实践，而不是仅仅停留在纸上，或者在自己脑子里演习。前面说过，第一手的个人经验是最好的老师：如果你亲自验证替代性想法的影响、它们如何改变你的感觉，以及你是否有了更多选择，那么替代性想法对你来说将更具说服力。

我们要再次强调采取行动，试验不同行为方式的重要性。你可以做什么来实践新的视角？你要怎么做才能判断新的视角是不是更好？对于引发自我批评想法的情境，你可以做出什么样的改变（例如，如果在工作中得不到重视，那能不能辞职或换工作？如果你的伴侣只能让你的负面自我信念加剧，那能不能结束这段关系）？

又或者，你对自己的反应能做出什么样的改变？旧的习惯总是很难改变，如果未来你发现自己的思维、感觉和反应又重蹈旧辙，你会怎么做？如果下次碰到同样的问题，你会怎么处理？这包括察觉和处理自我批评想法，还包括试验更具同理心、不那么自我挫败的行为（谦虚地接受赞美、不要总是道歉、抓住机会、表达自己的需要等等）。在工作表中写下你的想法，抓住每个机会试验，借此发展并强化看待自己的新视角。

第124页以迈克为例，给出了一个完整的"质问自我批评想法"工作表。

让"质问自我批评想法"工作表发挥最大效用

我要花多长时间才能找到好的替代性想法？

质问自我批评想法并寻找替代性视角很可能会让你有些不习惯。刚开始，相同的旧想法很可能一遍一遍突然冒出来，你也很难退后，看清这些想法的本质——低自尊发出的不友善声音。多加学习后，你就可以放开思维，找到可以大幅改变你自我信念和感觉的替代物（不过有些人很快就能有大的突破）。不要急于求成，给自己足够机会练习，从错误中学习和发展技术。

破除自我批评习惯需要时间。改变思维很像尝试一种全新的锻炼方式。你要锻炼的是你不怎么使用的"脑部肌肉"，刚开始，它们会"抱怨"，并感觉别扭、不适。但是，经过有规律的锻炼，它们会变得强壮、灵活并有能力达成你的要求。锻炼本身就能让你感觉良好了，更别说取得成果后的激励作用。

这一阶段的目标是达到如下效果：你可以自动注意、应答并驱散自我批评想法，它们因此不再影响你的感觉或行为。有规律的日常锻炼（一天仔细记录一两个例子）是达成这一目标的最好方式。之后，你就可以在头脑中应答自我批评想法，而无需写下任何东西了。最终的效果是，大多数时候，你甚至都无需在头脑中应答，因为自我批评想法已不再经常出现。即使如此，对于处理特别顽固的想法，或者因为某些原因，这些想法又再次冒出来时（例如，眼下发生的事让你想起过去的经历，或者你感觉疲劳、压力大、不高兴时等），工作表仍然是很有帮助的。工作表应该成为你"工具箱"中的常备工具，未来处理难题及面临艰难处境时都能用到。只有当你完成阶段性目标，也就是不需要书面提示就能处理自我批评想法时，才可以停止每天规律性的记录。

我实在感觉沮丧时，还怎么用不同方式思考？

自我批评想法是你核心论断在当下的体现。这就意味着，你的自我批评想法可能很强烈、极具说服力，并引发你强烈的情绪。但这并不能说明，这样的想法就是正确的，你要学习远离这样的想法，不再买它们的账，不再严肃地对待它们。

但是，如果发生了让你极为沮丧的事情，那找到替代自我批评的想法可能很难。你可能因此掉入一个陷阱：把这看作另一个批评自己的原因，而不是认为这是一个很常见、很自然的困境。这时候，最有效的做法是，简单记下让你沮丧的事情，以及你的感觉和想法，将寻找替代想法的过程延后到你感觉平静的时候。情绪的"狂风暴雨"过后，你就能更好地厘清事情了。

警惕"本应更好"思维

自我批评往往是由于心理学所谓的"基于差异的处理方式"，当你开始自我批评时，往往就开始了这样的"处理方式"：你时时刻刻都在关注"差异",也就是实际情况与你期望或要求之间的差异。换句话说,你的注意力全部集中在自己不足的地方,这显然会引发不好的自我感觉。举几个例子,"我原本希望我能更自信(可是我没做到)""我再机灵一点就好了(可是我没有)""我本应该更坚强(可是我没有)"。这种"本应更好"的思维本身,就能让你自我感觉不好,甚至导致"反刍"。

警惕"反刍"陷阱

有时候,自我批评只是一个简单的评断:"我太蠢了""怎么一犯再犯""我怎么什么事都做不好?"可是,这很容易转变为"反刍",也就是沉浸在某种想法之中无法自拔:一遍一遍地重复相同的想法,就像牛反刍一样。一遍遍自问"为什么""如果……就好了",一遍遍重复不公平的自我评断,一遍遍回想自己真实表现与期望和自我要求之间的差距。尽管"反刍"不能建设性地解决问题,但是心理学家阿德里安·威尔斯(Adrian Wells)曾做过一个简单的实验,邀请有"反刍"习惯的人,问他们为何要"反刍",最后得到的结论是:他们感觉"反刍"好像能有效解决问题。他们有一种感觉:如果最后再"反刍"一次,他们就终于能搞清楚自己面对的困境是什么,并想出解决的办法。可实际上,"反刍"的尽头是死路,你只能被困其中,根本无路可去。

有时候,也有可能"反刍千遍,答案自现",但是一般来说(就像任何自我批评思维一样),反刍只能引来更多反刍,徒增痛苦,如果你情绪本就低落,那更是如此了。因此,当你注意到同样的想法再次出现时,一定要暂停一下,问自己:我开始反刍了吗?如果是,那么再问:反刍对我的情绪、对我的动力、对我的自我感觉会产生什么影响?

如果你密切观察，就会意识到自己陷入了一个没有出口的无限循环。如果是这样，那就到做出选择的时候了。我们无法阻挡想法"进入"我们的头脑，但是，想法进入头脑之后怎么做，我们却是可以控制的。我们可以学着察觉"反刍"，然后学着用不同方式应对。

例如，你可以选择继续沉浸于自我批评想法，放任其不断加剧，那么结果很可能是徒劳无功。或者，无论反刍的诱惑有多大，你都可以固执认定反刍不仅无效还影响心情，然后试着转移注意力。这和逃避，和摆脱或压抑想法不一样，这是一个清醒明智的决定，是及时止损。例如，你可以试着打开所有感官（视觉、听觉、触觉、味觉和嗅觉），感受当下的环境。你也可以转而去做一件引人入胜的事，或者努力转换到更加有益的思绪上。当你做出这些改变后，观察自己的感觉受到了什么影响。

从反刍中挣脱出来是不容易的，可是，熟能生巧。自我批评想法的反刍可能不会消失，不过，你可以学着把它们当做不太需要你关注的背景音。如果你愿意，你仍然可以收听这样的背景音，但最好是不要。

记录要做得多好才行？

许多低自尊者都是完美主义者，做任何事都想要达到"最高标准"。"够好了"还不够。我们在第 7 章会讨论完美主义。不过，现在你只需要记住记录的目标：提高对自己想法的觉知，让思维更有弹性。但是，用完美主义的态度去记录，无助于达到这一目标，反而会让你压力倍增，扼杀你的创造力。你的记录不必是文学杰作，也不必是字斟句酌的作文。你不必找到唯一的正确答案，找到的答案也不必达到自己的要求。对你有用的答案，就是"正确"的答案：也就是你觉得合理的答案，能改善你感觉的答案，启发你采取建设性行动的答案。一个答案，无论听上去多么好，都不可能是对所有人都有用的万能答案。你需要找到对你帮助最大的那个答案。如果不巧你是一个完美主义者，那么，按照"达成目标即可"的标准来记录，就是试验不同行为方式的绝佳机会。

如果我的替代性想法无效怎么办？

有时候我们会发现，自己想出的答案并没有达到想要的效果：它们几乎不能改善感觉，不能帮助我们改变行为方式。如果你是这样，可能你正在以某种方式否定该答案：告诉自己这只是为了找出一个答案而找出的答案，或者觉得它可能对其他人有效，但是对你无效。如果对新答案有类似"是的，但是"的感觉，那么将它们记录在"自我批评想法"一栏，并质问它们。

不要期望你对旧想法的信任以及你的痛苦感觉能在瞬间烟消云散，当它们反映了你形成多年的自我信念时，尤其如此。自我批评思维就像一双旧鞋，不那么舒适，但是你已经穿习惯了，非常合脚。相反，新的视角就像新鞋，陌生，并且刚开始还不合脚。你需要时间和练习，强化更友善的看法，同时你还需要反复试验不同的行为方式，这样你就能从心底认识到对你而言，自我接纳比自我批评更好。

如果我不擅长此事怎么办？

在你记录自我批评想法时，不要让自己陷入自我批评的陷阱。改变自我信念不是一件容易的事情，需要花时间、勤练习才能学会这项技术。因此，当你发现遇到困难、进展不顺时，谨防对自己太严苛。如果你有个朋友正努力处理一件棘手的事，你觉得怎么做对他们更有帮助？批评责罚？还是鼓励表扬？你可能会想："我居然出现这种想法,太蠢了""我做的还不够"或者"我永远都不可能学会",如果你确实察觉到这样的想法,那么写下来,并做出应答,试着像对待朋友一样对待自己。最后,给予自己应得的尊重和鼓励,因为你勇于面对如此艰巨的任务。

本 章 总 结

1. 当你感觉某个事件或经历证实了自己的核心论断时,你就会出现自我批评想法。本章探讨了质问自我批评的方法,以及如何寻找更公平、更有益自我信念。

2. 自我批评思维是一个习得的习惯,并不一定反映了你的真实自我。

3. 自我批评弊大于利。相信自己的自我批评想法会让你感觉糟糕,还会让你做出自我挫败行为。

4. 你可以学着与自我批评想法疏离,将它们看作低自尊发出的声音,将它们看作你做的事情,而非你真实自我的反映。

5. 和焦虑预测一样,自我批评想法有待质问。你可以学着观察并记录自我批评想法,以及它们对你感觉、身体状态和行为的影响,并搜寻更平衡、更友善的自我信念。

6. 最后一步是试着更公平、更友善对待自己,重视你的优势、品质和资本,就像你重视他人的优势、品质和资本一样。这将是下一章关注的问题。

第 6 章
提升自我接纳

引　言

第 2 章（27—52 页）我们讨论过维持低自尊的两个互补的思维偏向，即知觉偏向和解释偏向。负面知觉偏向让你的注意力牢牢固定在自觉出错的地方，同时摒除自身的强项与优点。负面解释偏向则倾向于在任何环境下，都从消极的角度看待自己。这两种偏向让你难以接纳并重视真实的自己。

在第 5 章中（106—138 页），我们探讨了解释偏向，也就是负面自我信念如何引诱你陷入自我批评思维的陷阱。你学习了如何察觉和重新思考自我批评想法，学着更友善地对待自己。本章，我们将考察硬币的另一面，也就是知觉偏向。知觉偏向让你很难清楚看到自己积极的一面，也让你很难善待自己。矫正这两种偏向非常重要。重新思考自我批评想法，有助于削弱无益的旧有思维模式，为后面瓦解旧的核心论断打下坚实基础。另一方面，学着承认并重视自己的优点，学着尊重自己并善待自己，则能让你用不同的方式与自己相处：接纳自己，对自己友好，让你觉得做真实的自己是 OK 的。

不用说也知道，学习在日常生活中提高对自己优点的觉知，学着用尊重、友善的态度对待自己，也是说起来容易做起来难的。自我批评常常是生命早期就习得的习惯,同样地,可能在你年纪很小的时候,就一直被灌输一种观点:自我感觉良好是不好的。除非你对这种禁忌保持警觉,真正希望打破禁忌,否则你将很难利用本章提供的方法来提升自我接纳、提升自尊。

自我感觉良好的禁忌

我漂亮

我聪明

我是一个杰出的厨师

我超级幽默

我是一个才华横溢的音乐家

我非常可爱

我很棒

如果你听到有人说上面这样的话,你的第一反应是什么?你会因为遇到了如此优秀的人而感到高兴吗?还是你会感觉不舒服、不赞同?还是会腹诽:"也太自大了""自吹自擂"或者"她/他以为自己是谁?"。你会马上理所当然地认为他们说的都是真的?还是你会把这样的"自我提升"当作自大的吹嘘?觉得他们马上就会现出原形,而且"自捧越高,摔得越惨"?

如果你自尊偏低,你很可能觉得,用这样的句子描述自己(无论这样的描述是否准确),是很不舒服、有危险、讨人厌的,或者就是脑子进水了。对你来说,自我感觉良好以及承认自己的优点可能等同于自吹自擂。这样的想法可能让你尴尬。你可能还会担心,只要承认自己有什么优点,就肯定会有人跳出来说:"哦,不,你误会自己了""哦，是吗，你真的这样以为？"或者"你不是开玩笑吧？你哪里来的自信？"。对你来说，仅仅只是暗自感觉良好，就感觉自己是租用了一套音响站在城市中央或者在社交网站上，向全世界大声宣告了自己的优点。很明显，这样的想法和感觉妨碍了自我接纳和自尊的提升。

和自我批评的习惯一样，将自我接纳视作自鸣得意的自吹自擂，通常也是生命早期习得的。如果小孩受到的教育是：要注意自己的错误和不良行为，那么，一旦当他们表现出为自己成功感到高兴的迹象，就会被泼冷水，甚至遭到嘲笑。例如，那些各方面表现都很突出，常常被老师公开表扬的学生，可能就会碰到这种情况。同学可能嘲笑并排挤他们。在有些家庭中，家长可能觉得成绩好也没什么大不了的，会认为死读书不一定有好的未来。因此，他们可能学着故意考不好，或者隐瞒、贬抑自己的成功，将成功归功于走运，而不是自己的天赋。他们不再珍视自己的天赋和成就，开始觉得自己只要表现不错，都是走了狗屎运，而非他们内在品质和勤奋用功的反映。这种想法可能需长期坚持才能逆转。

安徒生童话故事《白雪公主》的开头，恶魔制造了一面魔镜。照镜子的人全都无法从中看到自己的真实样貌，而是变形的面孔，扭曲并且丑陋。如果你自尊偏低，就算没有恶魔的魔镜，你仍然会以这种变形的方式看待自己。你只能看到自己不喜欢的地方，你的弱点和缺点，可弱点和缺点是每个人都在所难免的。你的品质、资本、资源、强项和技能则很难被认可和接纳。

和自我批评一样，忽视或低估自我的积极方面不公允。自我接纳导致自满的观念毫无道理可言。所谓自我接纳就是注意并赞赏自己的优势和品质，善待自己，让自己享受并品尝生命中的美好。自我接纳（也就是，如实评价你自身的长处）是健康自尊的一部分，而非自我膨胀的一部分。实际上，忽视积极面有助于维持低自尊，因为它让你无法获得一个平衡的看法：既考虑到你的优点，同时也考虑你真实的缺点，以及你需要改变的地方。

本章将介绍两种提升自我接纳的策略，所用到的技术仍然是那三种核心技术（觉知、重新思考和试验）。第一种策略是，将正面品质纳入关注，学习接受自己的积极面。第二种策略是，学习"待人如待己"，也就是如果你用尊重、友善的态度对待自己在意的人，那么你也应该同样地善待自己。此外，还要学习充分享受生命的美好，以及为自己的成就点赞。

阅读本章过程中，请注意这些策略对你自我感觉和日常生活的影响。这样做过之后，你的核心论断也将被削弱，为建立全新的自我信念打下基础，这样的自我信念会让你更接纳、更欣赏自己。

从本质上看，你是在学习跟自己做朋友，这个朋友重视你、欣赏你，更重要的是，接纳最真实的你。你将学习像对待一个老朋友一样对待自己。你知道自己的老朋友们绝不完美，所谓人无完人，他们有弱点和缺点，而你也知道他们有缺点和弱点。但是，你并非任何时候都盯着他们的缺点弱点，相反，你从一个更大的视角来看待这个问题，也就是，你也能诚恳地欣赏他们的强项和优点。当他们遇到困难时，你非常在意他们的感受，真诚地关心他们。你希望他们能享受生活，鼓励他们为自己的成就与成功鼓掌，无论这样的成就与成功多么渺小。这就是你要学习的内容：学会做自己的好朋友。

转而关注优点

学会承认并重视自己的优点，涉及三个步骤：
1. 发现
2. 重现

3. 记录

下面我们将依次讨论。

步骤 1：发现（觉知）

如果你都不知道自己的优点是什么，那就更谈不上重视自己的优点了。所以，为了获得一个更平衡的自我信念，第一步就是：学着发现自己的优点，将注意力集中在优点上，而不是放任优点与你擦身而过。建议首先列出一个清单，写下你的品质、才华、技能和优势。此举一石二鸟。首先，它能帮你建立并强化一个更平衡的全新自我信念。其次，这也提供了一个绝佳的机会，让你"亲眼"及时发现是什么使你无法摆脱低自尊，让你更加了解到：摒除、低估积极面，如何让你无法获得那些改善你自我信念的经历。

因此，当你努力将注意力转向优点时，一定要警惕自我批评想法：它会否定你的优点，妨碍你发展出更平衡、更友善、更具接纳性的视角。你很可能（至少是刚开始）无法阻止自我批评想法自动出现在你脑子里，但是，你可以学着不要那么重视它们。毕竟，这些自我批评想法只是习得的旧习惯，是不必再相信的过时看法，不必为之感到难过，行动也不必受其操控。只要你认清其本质，不让它们妨碍你前行，它们就会被削弱并衰败。你要达成的目标是：可以冷静地注意到那些自动出现的"是的，但是"式想法（"哦，你看，又冒出一个这样的想法"），然后继续前行，而不是严肃地看待它们，被它们打倒在路边。如果你能做到，就把它们放到一边，继续你的工作。如果它们过于持久或者让你坚信不疑，无法通过这种方式驱散，那就使用"质问自我批评想法"工作表（123 页）重新思考它们，然后再继续前行。

有些人很容易就能列出一张优点清单。他们的自我怀疑可能相对较弱，或者仅在特别具有挑战的情境中才浮现。负面自我信念之外，他们可能拥有更多有益的正面自我信念，当他们开始列举自己优点时，就能手到擒来。还有些人，他们的核心论断非常强大，让他们坚信不疑，那对他们来说，列出一张优点清单可能几乎是个不可能完成的任务。摒除并低估优点的习惯可能非常强大，刚开始可能让你完全无法发现自己的任何优点。

不过请想象一下：如果我让你列出一张自己的弱点和缺点清单，情况会怎样？你很可能想都不用想，飞速列出一大串！如果你受的教育是"自我感觉良好是不好的""不要自高自大"，如果你的成就都被无视，你的需求都得不到重视，那么你将很难用友善、欣赏的眼光看待自己。但这并不是说，即便花费时间耐心练习，你仍然不能发现并重视自己的优点。不过，你可能需要借助一些外力，比如好朋友或者你在乎并信任的人的帮助。这是一项值得花费时间的工作。即使需要花费较长时间才能列出一份优点清单，在日常生活中觉知自己的优点，终将对你的自我感觉产生不小的影响。

务必选一个不会受到打搅的环境，静下心来专心列清单。无论是用纸笔，还是用电子设备都可以，你觉得哪种方式最舒服就用哪种。一定要坐在一个舒适、安静、放松的地方。还可以放一些你喜欢的音乐。现在，尽可能写下你能想到的优点吧。

你可能马上就能列出几条，也可能想出一两条都感觉困难。给自己充足的时间，即便刚开始寸步难行，也不要担心。你在做全新的尝试：用新鲜的视角看待自己，转移关注的重心。尽量多列出一些优点，当你感觉已列出了当下所能想到的所有优点时，就停下来。把清单放在随手可得的地方，能随身携带更好。接下来几天，即使你没有专门做此事，也把它放在心上，想到了新的优点，就添加到清单里。即使你一开始只能找到一两条,也要为自己感到高兴。你在开放思维方面已开了个好头,在认可并接受自己优点的道路上,你已迈出了关键的一步。

能提供帮助的问题

如果你的低自尊已持续了一段时间,你很可能难以发现自己的强项和优点。这并不表示你没有,而是表示你没有注意并重视它们的习惯。下面列出了一些问题,帮你发现自己的优点。注意:每个问题可能都伴随一个"是的,但是",例如"是的,但是这个优点微不足道"。

表 6-1　帮你发现自己优点的问题

- 你喜欢自己什么,无论其多微不足道、多转瞬即逝?
- 你具有哪些正面品质?
- 你人生有何成就,无论其多小?
- 你在生活中直面过什么挑战?
- 你有何天赋或才华,无论其多么微不足道?
- 你掌握了哪些技能?
- 其他人喜欢或看重你什么?
- 他人身上被你看重的品质和行为,哪些你也具备?

- 你身上哪些品质,是换作别人拥有你会欣赏的?
- 你低估了哪些微小的积极面?
- 哪些缺点是你身上没有的?
- 在意你的人可能会怎么描述你?

你喜欢自己什么，无论其多微不足道、多转瞬即逝？

留心你身上任何你曾觉得值得欣赏的事，即使只是转瞬即逝。

你具有哪些正面品质？

包括那些你觉得自己不是百分之百拥有的品质，还有那些并非每时每刻都会展现的品质。没有人在任何时候都完全、绝对、彻底地友善／诚实／准时／体贴／能干，诸如此类。只要你拥有某一品质，无论何种程度，都给自己点赞，不要因为这一品质没到完美的程度而低估它。

你人生有何成就，无论其多小？

这里并不是让你搜寻任何惊天动地的事（拿了奥运会冠军，首位骑驴横渡南极者）。想一想你解决过的微小困难，以及你成功迈出的每一步。比如，我清单的第一项会是：学习骑三轮脚踏车时，我都是把踏板蹬得飞转，而不是上下踩。

你在生活中直面过什么挑战？

你尝试过对付焦虑、解决难题吗？你应对过什么样的困境？这些努力反映了你哪些品质？不论你是否成功，直面挑战和焦虑都是需要勇气和坚持的。另外，你勇于挑战，正试着克服自己的低自尊，不要漏了这一条。以上这些都值得给自己点赞。

你有何天赋或才华，无论其多么微不足道？

你什么事做的还不错？注意：是"不错"，而非"完美"！同样地，要记得算上小事。你不需要像米开朗琪罗或贝多芬那样杰出。

如果你会做水煮蛋、口哨能吹出曲调，或者拍打小孩肚皮能模拟出放屁声，也都加入清单。

你掌握了哪些技能？

你会做什么？包括工作技能、家务技能、人际技能、学术技能、运动技能及休闲技能。这些技能不一定要非常杰出，也不一定是只有你会做的事，更不必达到很高的标准。技能就是技能。比如，你会用智能电话、社交网站、微波炉或锯子吗？你会接球吗？你会开车或骑车吗？你会游泳吗？会缝纫吗？会清理浴室吗？你善于倾听吗？听得懂别人的笑话吗？你会精读吗？你会任何外语吗？审视你生活的所有不同领域，记下这些领域中你掌握的技能，不论其多不完备或者多么基础。

其他人喜欢或看重你什么？

他们感谢你什么，请求你帮忙做什么，或者赞美你什么？他们称赞或欣赏你什么？你以前可能没有特别注意过这些，现在是时候开始了。

他人身上被你看重的品质和行为，哪些你也具备？

你可能更容易看到其他人而不是自己身上的长处。他人身上你欣赏的正面品质，哪些你也具备？务必警惕不必要的比较。你的品质或行为不必像别人那么完全或者做得那么好，程度也不一定要和别人一样，但是，即使程度有限，只要认识到你也具备这样的品质就行。

你身上哪些品质，是换作别人拥有你会欣赏的？

我们在自我批评那章讨论过双重标准，这里也要警惕。相比于自己身上同样的品质和优势，你很可能更容易发现并认可在其他人身上看到的品质或强项。请公平一点。你身上某些品质，如果放在他人身上你会欣赏，那么也把这些品质记入你的清单中。还需要注意那些如果其他人去做，你会欣赏或重视的事。如果他人做，你会视为正面的事，都一一记下来。

你低估了哪些微小的积极面？

你可能觉得自己的清单中，只应该记入那些重大的积极面。你会以同样的方式低估消极面吗？如果不会，那就把小的积极面写下来。否则，你不可能获得平衡的看法。

哪些缺点是你身上没有的？

有时候，如果首先快速想到负面品质，再联想到正面品质就比较容易。这样的比较可以突出你的积极面和强项，如果没有比较，积极面和强项可能就会消失无踪，被认为是理所当然的。因此，想一些不良品质（如不负责任、残忍、不诚实或者小气）。你是这样的吗？如果你的答案是"不"，那么根据逻辑，你必然是"那样"的。"那样"是怎样的呢（如负责任、和善、诚实或大方）？写下你想到的不良品质的对立面。同样，不要因为这些品质在你身上不够完美，就低估它们。

在意你的人可能会怎么描述你？

想想你认识、并且在意你、尊重你、支持你的人。他们会认为你是什么样的人？他们会用什么样的语句描述你？你作为他们的朋友、父母、同事或社群的一员，他们会如何看待你？相比你的自我信念，认识你并希望你好的人对你的看法可能更宽容、更平衡。

实际上，找到跟你关系亲近，你也很尊重、信任的人，让他们列出一张清单，罗列他们喜欢你、看重你的事情，对你会非常有帮助。确保你找的人会诚恳地完成这项工作。否则可能会适得其反。如果有人是你不良自我信念的"帮凶"，或者有人的行为正"助长"你的不良自我信念，那么千万别找他们。也不要找坚信"自我感觉良好要不得"的人，因为这项工作对这类人来说，可能也极为困难。选择你有充足理由相信他们一定在意你、希望你好的人（比如父母、兄弟姐妹、伴侣、小孩、关系亲近的朋友或同事）。他们的清单对你来说可能是一个启示，会增进你们的关系。但是，再一次提醒，警惕使你低估、贬抑清单内容的想法（例如，"他们这么做只是出于礼貌，不可能是他们本意"）。如果你有这样的想法，将它们记入"质问自我批评想法"工作表，并重新思考这些想法。

林，也就是父母始终无法欣赏她才能的那位艺术家，在列清单时遇到了困难。她的经历几乎让她觉得自己毫无价值，别人认为她身上有许多突出的天赋，可是她自己却不以为然。刚开始，她想不出任何可以写入清单的事，除了"性格好"和"工作努力"。她发现，刚开始尝试添加其他优点时，会产生各种保留意见（例如"但是其他人在那方面比我强"以及"但是那真的无关紧要"）。几次尝试后，她使用了第 145 页的问题来开放思维。她还是卡壳，有两三次都是很快就放弃。但是最终，她添加了"体贴""务实""色彩感好""坚持不懈""有创造力""和善""品味好""爱冒险的厨师"，以及"乐于接受新观点"。另外，她还鼓起勇气，询问一个信任的老朋友：能不能帮忙列出一个她的优点清单？这位老朋友说，她是时候提高自己自信了，并热情地投入这项工作。林被他清单中洋溢的情感所感动，也非常开心。朋友附和了她自己清单中的一些条目，另外增加了"能逗乐我""好的倾听者""好的喝酒对象""家里收拾得舒适惬意""聪明""敏感",以及"温暖"。

步骤2：重现

你发现自己的优点之后，下一步是让它们"沉入心底"。清单本身就是一个良好开端了，但是仅有清单还不够。你可能会把清单放到一个"安全的地方"，甚至可能将清单删除或者扔到废纸篓，然后就完全忘了它。清单最有效的使用途径是：将清单用作提高优点觉知的基础，努力的方向是：发现、认可并重视优点，将它们视作你的"第二天性"。当然，这不可能一蹴而就，你需要练习，需要一段时间来养成一种习惯：有意识地将注意力导向自己的优点。其中一种方法是：回想记忆中成功的经验。

给自己几天时间，留意更多可以添加到清单中的条目，当你觉得清单已经"加无可加"时，再一次找个舒适、放松的地方，认真读一读清单。不要快速浏览，每个优点都停下来仔细想想，让它们"沉入心底"。

细致缓慢地读完清单后，再次回到清单开头。现在，当你审视每条优点时，想一想何时你的行为体现了这项优点。看看你能不能找到最近的某个行为，这样记忆才依旧清晰。这个过程中，闭上眼睛可能会有帮助。花一点时间回想，让记忆尽可能生动逼真，就好像你现在又再次回到了当时的情境。想清楚何时、何地、和谁在一起，具体做了何事体现了这项优点？结果是什么？用心观察、体会当时的情况。你身体有什么样的感觉（味觉、嗅觉、触觉、身体姿势）？同样看看，你能否想起当时的情绪状态。不要着急，让回忆在想象中完全展开。

例如，林想到，有一次她一个人在家，然后一个朋友打来电话，明显只是想和她闲聊一下。可是，林察觉到朋友声音有点异常，所以林温柔地问：**你还好吗**？她朋友一听就哭了，并坦诚说，她和男朋友吵了一架，心情很差。朋友还说，她很高兴有机会聊聊这事。林认为此事能够作为自己"敏感"的例证。在回忆时，她想起了起居室柔和的光线，想起了她对面一幅画作的内容和颜色，想到了她朋友的声音、柔软的沙发垫、接电话之前刚倒的一杯咖啡的香气和味道、她对朋友的关切，以及帮助、支持朋友后的喜悦。

注意上述练习对你情绪及自我感觉的影响。如果你能全神贯注地回想，你会发现，清单上的条目变得更加生动和有意义。你很可能会情绪高涨，自我接纳与自信的感觉正悄然出现。

如果以上这些没有发生，那可能是你在以某种方式否定自己写的内容。整个练习过程中，都要警惕羞愧、窘迫或怀疑等感觉。这些感觉可能提示你正在自我批评。比如，你是不是在跟自己说这么自满不对？你是不是感觉自己就是在炫耀？你是不是认为自己做的事情微不足道，每个人都可以做到？你是不是在跟自己说，是个人都会这样？还是跟自己说：你本可以做得更好？更快？更有效？又或者，你是不是在跟自己说，自己可能有些时候和善／热心／能干或诸如此类，但并非所有时候都如此，而且如果没有达到完美的程度，就不能算？你是否在低估那些品质，觉得其他人也都具备，它们太稀松平常，不值一提？

当这种"是的，但是"想法入侵时，注意到它们，然后放到一边就可以了。因为旧习惯确实难以破除，所以再次出现也不奇怪。然后，你可以将全部注意力再转回到优点清单。不过，如果这些否定想法过于强大，不能轻松放到一边时，那你可以使用前面学到的方法处理自我批评想法，重新思考它们。

步骤3：记录：你的"优点文件夹"

列出优点清单是提升自我接纳、增强自尊的第一步。重新体验自己表现出这些优点的事例，就又前进了一步：你开始将这些优点变得实在，你可以从内心深处感觉到它们，而不是将它们当作很容易就忽视或遗忘的想法。

下一步是让这样的觉知成为你的日常，而不是在偶尔想起的时候，偶尔随便做一做的事。现在你需要做的是：每天记录体现你优点的事例，只要它们出现就记录下来，跟记录焦虑预测和自我批评想法事例的做法相同。你要达成的目标是：不需要任何提示，就能自动注意到优点事例。你可能需要几周时间来达成这一目标，也可能需要更久。一旦你达到这个目标，就不需要记录了，不过你愿意继续记录也行。如果之后又发生了什么打击你自信的事，重新开始记录也会有所帮助。

如果想要提升对优点的觉知，一个特别有用的方式是"优点文件夹"。你可以在电子设备上新建一个专门的文件夹，或者如果你更喜欢纸笔记录，建议你买一个专门的笔记本，封面要漂亮一点，尺寸不要太大，应能装进口袋、钱包或手提包。专门准备一个文件夹是表达一种态度：表明你下定决心留心并重视被你忽视、否认、认为理所当然的那部分自我。

尽可能在事例发生时，就马上记下来。其目的是，通过关注并突出你的优点，将它们推上舞台中央，而不是把它们隐没在舞台两侧，借此矫正你对自己的偏见。刚开始，可以将品质、技能、优势和才华清单作为提示。一定要将文件夹随身携带，这样就能在事情发生第一时间就记下来。否则，你可能错过或忘记事例，或者因

"事过境迁"而打折。可以事先确定：一天打算记几个优点事例。对许多人来说，刚开始每天记三个大概刚刚好。但是，如果你觉得三个太多，那也不用担心，每天记录两个甚至一个也可以。只要开始记录，当你一旦进入状态，就可以添加更多。当轻轻松松就能记录三个事例后，就将目标提高到四个。四个很轻松时，增加为五个，以此类推。到那时候，就应该能自动注意到优点事例了。

记录的每个条目需要包括：你做了什么，体现了什么品质。下面这个示例，是林首周使用优点文件夹时记下的一些条目。

- 花几个小时时间完成了一幅大型风景画（勤奋）
- 晚上和西蒙出去玩得很开心，很久没这么开心了（我是好的喝酒对象，我很有趣）
- 买了花（我把家里收拾得舒适怡人）
- 第一次尝试做泰国咖喱，虽然味道很怪，但是可以吃（爱冒险的厨师）
- 妈妈生日时给她打了电话（体贴）
- 修好了工作室的一组架子（务实）

注意：林并非只写了"勤奋""有趣""体贴"之类，她还记录了大量细节，这样她之后也能记起当时发生的事。这一点很重要，因为，这可以变成你的一个资源，提醒你拥有哪些强项和优点。你可以常常看看它们，以此强化更友善的全新自我信念。只要你感觉压力大、沮丧或者自我感觉不好时，就可以回想一下这些让你快乐、并建立自信的记忆。

因此，在一天结束的时候，或者就在你睡觉前，在放松、舒适的环境中，回看你记录的内容。根据记录的内容，生动、详细地重现记忆，将每个事例再体验一遍。让它们沉淀，这样它们就能影响你的情绪和自我感觉。你也可以一周回顾一次文件夹，借此获得一个更广阔的视野，并决定下周要记录多少优点事例。当你按上面三个步骤实践时，就是在学习欣赏并接纳真实的自己。

用尊重、关心和友善的态度对待自己

低自尊者不仅无法注意或重视自己的优点，还常常错过丰饶的日常经历，主要体现为两种方式：首先，他们不会花费精力创造快乐满意的生活；其次，他们不会为自己做的事情点赞。这些模式背后的机制是：低自尊者常常觉得，自己根本不配享有这些美好。本节讨论了如何用尊重、友善的态度对待自己，包括让自己生活充满快乐，以及为自己日常成功与成就（无论其多微不足道）点赞。这些方法在你情绪低落时会特别有用。实际上，这最初是治疗抑郁的一种认知行为疗法技术。关注优点、让生活更快乐、为自己点赞的一个重要"副作用"是提升情绪。而提升情绪有助于重新思考自我批评想法，有助于打破维持低自尊的恶性循环。

提升快乐和满足："每日活动记录"（DAD）

让日常生活充满快乐和成就感，需要两个步骤。第一步是弄清楚你是如何"消磨时间"的、你对自己日常活动模式的满意程度，以及是否擅长认可自己的成就和成功。这样的自我观察是任何改变的起点，而改变就是第二个步骤（试验）。同样地，这个过程中你很可能也会遭遇焦虑和自我批评想法，你可以使用重新思考技术来处理。

可以采用"每日活动记录"来获取需要的信息。第156页给出了一份空白示例，附录中还有额外的副本。第159—161页给出的示例则填写了部分内容，帮助你大概了解如何使用该活动记录。每日活动记录看上去像学校作息时间表，上端是日期，下部左侧是时间。每天都被划分为一小时一小时的时间段，在每个时间段内，你可以记录你做了什么以及你的收获，特别地，还可以记录你对这些活动的享受程度，以及你给自己的成就多少"学分"。

该活动记录能帮助你发现：在自己日程安排方式上，你希望自己做出哪些改变，以帮助你将注意力集中到经历的积极面（就跟你把注意力集中到自我的积极面一样），识别妨碍你享受积极体验的"煞风景"想法，让你低估、否定自己成功的自我批评想法。如果你不想使用每日活动记录，你也可以改用其他形式来记录（比如，传统意义上的日记，纸质或电子版都可以）。按小时记录活动的优点是：可以让你巨细靡遗地注意正在发生的事，轻轻松松就能回顾自己的一天。一天结束的时候，借助这个准确记录，你可以获得许多有用信息，而不是只有一个模糊印象。因此，不论你选用哪种方法记录，按小时记录的方法可能效用最大，至少在你弄清楚自己的"度日"方式之前是这样。

第一步：自我观察（觉知）

大概用一周的时间，详细记录你每天的活动，一小时一小时地记录。如果你选取的这一周最能代表你当下的生活，就再好不过了。当你想要做出改变时，这将是最有用的信息。如果你选取的这周非常特别（比如你在度假、生病、你母亲来小住等等），你收集的信息就只适用于未来类似的情况，而与你每天的生活关联不大。

表 6-2　每日活动记录

		星期一	星期二	星期三	星期四	星期五	星期六	星期天
上午	6—7							
	7—8							
	8—9							
	9—10							
	10—11							
	11—12							
下午	12—1							
	1—2							
	2—3							
	3—4							
	4—5							
	5—6							
晚上	6—7							
	7—8							
	8—9							
	9—10							
	10—11							
	11—12							

你做了什么

简单记下你从事的一项或数项活动。你做的任何事都可算作一项活动，包括睡觉以及无关紧要的事。甚至"无所事事"实际上也是一件事。其准确含义是什么？坐着发呆？晃来晃去，做些小的家务活？窝在沙发里，遥控器按来按去？

愉悦（pleasure，P）和成就（achievement，A）的评分

愉悦（P）

你有多享受你做的事？满分10分，给每项活动打个分。"P10"意指你非常非常享受。例如，第159—161页填写了部分内容的活动记录，和朋友去剧院看戏的那个晚上，林给出了"P10"。她觉得那晚玩得极为开心。戏非常棒，不仅有趣，还启人思索，而且，她和那些朋友非常熟，和他们在一起很放松，真的是一个美妙的夜晚。"P5"意指中等程度的享受。比如林把"P5"给了"独自一人乡间散步"。她享受那天温暖的阳光，但是算错了距离，等她回到自己车上的时候已经很累了。"P0"意指完全不享受该项活动。林把"P0"给了与经纪人的一次会面，他缠着让她展览最近的画作，尽管平常她很喜欢和经纪人在一起，因为她喜欢并尊重他。

对于任何一项活动，你都可以在0到10之间任意打分。和林一样，你很可能发现自己的愉悦程度因事情不同而不同。愉悦程度差异将是个非常有用的信息源。它表明什么让你感觉好，什么让你感觉不好。它提示你什么想法会阻碍你满足或享受（比如林知道自己不喜欢和经纪人说话，因为她非常害怕自己的作品公开展出）。

成就（A）

每个活动在多大程度上让你感觉付出了有意义的努力，感受到"成就"？这些活动本身可能不太快乐，可是，它们让你有成就感，让你觉得维护了自己的利益，让你觉得做了该做的事等等，简而言之，让你感觉掌控了生活，而非相反。

"A10"意指非常显著的成就。林和她经纪人聊完后，过了几天给经纪人打了个电话，林给这一活动的分数是"A10"，因为，她打电话给经纪人是要告诉他，尽管她焦虑，但还是同意提交自己作品

以供展出。她之所以给自己的"成就"打了个高分，是因为她认识到这件事情颇为困难，她必须逼迫自己，她也做到了。"A5"意指中等成就。散步翌日的早上，尽管感觉很累，林还是准时起床，并完成了正在创作的一幅画，她给这一活动的分数是"A5"。她开始的反应是起床没什么特别的，但是思考之后，她意识到在自己那么累的情况下，此事也是一个颇为了不起的成就。"A0"则指毫无成就可言。林把"A0"给了某个晚上待在家看电视。这纯粹是自我放纵，虽然她十分享受，但是这毫无成就可言，因此，在"成就"方面，她乐于给这一活动0分。

跟林一样，每个活动的"成就"分，你都可以在0到10之间任意打分。

很重要的一点是：这里所说的"掌控"不仅仅指重大的成就，比如升职，主办100人的派对，或者整栋房子里里外外大扫除。也不是说，你做的真的非常非常棒。你可能已从林的打分中注意到这一点，日常活动真的可以是了不起的"成就"，值得为自己点赞。当你压力大，感觉疲惫、不舒服或者抑郁时，尤其如此。当你情绪或身体状态不好时，即使是日常小事（送小孩上学、接电话、简单做顿饭、准时开始工作，甚至是从床上起来）都可以是重大的成就。如果不认识到这一点，低自尊者通常会贬抑自己做的事，明显这也有助于维持低自尊。

因此，为"成就"打分时，一定要考虑你当时的状态。问自己：鉴于我现在的状态，这件事的成就有多大？如果做一件事需要战胜不好的状态、做出了很大的努力，或者遇到了困难，那么为自己点赞是应该的，即使这件事是日常小事、没有达到平常的标准或者没有完成。

找到适合你的"愉悦"与"成就"平衡

务必为所有活动同时打出"愉悦"和"成就"两个分数。有些活动（比如职责、义务、任务）主要是"成就"分数，有些则主要是"愉悦"分数（我们单纯为了享受的消遣和乐子）。许多活动两者兼有，比如，如果社交让你焦虑，那么去派对值得给一个"成就"高分，因为这表示你战胜了自己的负面预测。但是，一旦到了派对，开始放松并愉快地玩耍，则派对也能让你愉悦。长远来看，你的目标是平衡"成就"和"愉悦"。为所有活动同时打两个分数有助于你达到这一目标。

表 6-3　每日活动记录——以林为例

		星期一	星期二	星期三	星期四	星期五	星期六	星期天
上午	6—7				睡觉	睡觉	睡觉	睡觉
	7—8				睡觉	睡觉 A0 P3	同上	同上
	8—9				睡觉 A0 P5	起床；咖啡；洗澡 A3 P2	睡觉	睡觉
	9—10				起床；早餐；听广播 A1 P4	外出买作画材料	睡觉 A0 P5	睡觉 A0 P5
	10—11				工作 A2 P4	外出买作画材料 A3 P4	起床；早餐 A2 P4	起床（累）；早餐；洗澡 A5 P2
	11—12				同上 A2 P6	与M喝咖啡 A0 P6	开车去找亨利 A3 P4	工作 A5 P2

续表

		星期一	星期二	星期三	星期四	星期五	星期六	星期天
下午	12—1				同上 A1 P6	工作 A6 P5	与亲戚们午餐 A1 P6	工作 A4 P5
	1—2				见经纪人，因为他想要我展出画作 A5 P0	公园午餐 A0 P6	工作 A6 P5	同上	与J午餐 A0 P6
	2—3				同上 A4 P1	清理公寓 A7 P0	工作 A4 P7	同上	与J午餐 A0 P8
	3—4				顺道见F A0 P1	同上 A8 P0	打电话给经纪人，同意展览 A10 P2	独自沿河散步 A2 P5	和J一起去动物园 A0 P8
	4—5				同上 A0 P5	静坐阅读 A1 P4	工作 A4 P6	同上 A3 P5	同上
	5—6				工作 A6 P3	购物 A2 P3	同上 A4 P6	同上 A8 P3	回家 A0 P2
晚上	6—7				工作 A4 P6	和J以及F见面吃饭 A1 P6	工作 A3 P7	开车回家 A3 P2	工作 A2 P4
	7—8				晚餐 A1 P4	剧院看戏 A0 P10	晚餐 A1 P4	给妈妈打电话 A4 P1	同上 A5 P2

续表

		星期一	星期二	星期三	星期四	星期五	星期六	星期天
晚上	8—9			P顺道拜访，沮丧 A4 P2	同上	看电视 A0 P6	听音乐，思考有关工作的事	同上 A3 P4
	9—10			同上 A4 P4	同上	同上 A0 P8	同上 A0 P6	同上 A2 P6
	10—11			阅读 A0 P6	泡酒吧 A0 P8	同上 A0 P7	和P见面夜饮 A1 P1	上床睡觉 A0 P5
	11—12			上床睡觉 A0 P4	回到J的公寓 A0 P8	上床睡觉 A0 P4	同上	
	12—1				同上		上床睡觉 A0 P8	

总　结

一天结束之前，花几分钟时间回顾一下你的活动记录。每天短暂的回顾能让你反思自己做过的事，而不是简单地记下来，然后就丢到一边。你今天注意到了什么？你今天是怎么过的？愉悦程度如何，你为自己成就点赞的意愿多大？什么让你感觉好？什么让你感觉不好？什么是"高点"，也就是愉悦和成就同时高分？什么是"低点"？你希望什么更多？什么更少？有差别吗？更宽泛地讲，你对这件事的感觉是什么？你的活动模式让你情绪高涨、精力充沛、焕然一新，让你感觉放松、自信并平静？还是说，让你感觉泄气、精疲力竭、紧张和局促不安？

下面是林的每日活动记录总结

总结（这天你注意到什么？什么让你感觉好？什么让你感觉不好？你想要改变什么？）

星期一：

星期二：

星期三： 午餐完全食之无味。他真烦人。和以前一样，不相信会有人真心喜欢我的作品。

星期四： 工作表现不错，我很享受。美妙的夜晚，值得再多去几次。

星期五： 很难开始工作，但是坚持后有回报。给经纪人打了电话，同意展览——虽然害怕，但是我需要这么做。晚上奖励自己待在家里，什么也不想，纯粹放松。

星期六： 散步是个好主意，但是走太远了。应该让自己步伐慢下来的。

星期天： 约了和J吃午餐，巨大的成功。公园的街头表演很精彩。

将自我观察做到最好

我应该记录多长时间？

记录的目标是：清楚认识到你如何度过一天，认识到你日常活动的愉悦和满足程度。记录同样也提供一个机会，让你开始意识到负面思维模式（焦虑预测，自我批评想法）如何"碍手碍脚"。因此当你收集到足够信息，能够达成这些目标时，就可以停止记录了。对许多人来说，一两个星期就够了。但是，如果你觉得自己需要更多时间来提高觉知，那也不必一两个星期就停止记录。

我应该什么时候完成记录表

和前面讨论过的工作表一样，尽可能在事情发生当下，记下你做的事以及评分。就算不能用每日活动记录，也可以快速记在随手可得的媒介上。这很重要，因为人一忙就容易忘事。另外，低自尊者对自己有"偏见"，这可能让他们清楚记得自己表现不好的事情，而摒除愉悦、成功和成就，或者只记得一点点。如果你感觉莫名沮丧、自我感觉不好时，更是如此。事情一发生，就马上记录并评分，有助于你对抗这种偏见。马上评分还能帮助你捕捉到哪怕极轻微的愉悦感和掌控感，否则可能就错过了。最后，如果你推迟记录，那你很可能就彻底忘了，或者推迟到第二天，又或者还没收集足够信息，就完全放弃了。

如果我发现自己对任何事都高兴不起来，怎么办？

这可能是因为你没有留出时间来从事让你感觉愉悦的活动。可能你真的有太多事要忙（例如工作或学习压力、为生计奔波、照顾年迈父母、社区或慈善使命），因此把愉悦、放松的"私人时间"放到了"待做清单"的最后面。你可以使用每日活动记录来检验自己是不是这样，然后，每天都努力安排一些放松、恢复元气的活动。即使是短暂的休息、片刻的愉悦（洗澡洗久一点、咖啡店多逗留片刻、回公司路上停下来欣赏下路边景色）也将很有帮助，前提是，你把它们当作宝贵的喘息和恢复精力的大好时机。

又或者，因为你的生活规则，把自己放在首位、抽出时间做让自己高兴的事，会让你觉得不舒服？如果优先满足自己的需要，你会觉得自己很自私，甚至自我放纵。如果你怀疑自己是这样，那仔细审视你一天的安排。你分配给消遣、愉悦、娱乐以及只为自己的时间有多少？记住一句老话："只工作不休息，聪明孩子也变傻。"如果你整天都是在完成任务、履行自己的义务、职责，以及帮别人做事，那么最后你会感觉筋疲力尽，且怨恨不满，完全与你最初的良好意愿相悖。如果你的一天是这样安排的，那么下一步，你可能要多多尝试让自己愉悦的事。

还有一种可能，你的生活规则让你觉得自己无权快乐，因为你不够好。例如林，通过记录每天的活动，她开始意识到：一旦开始作画，她就会觉得，这幅画创作完成并得到认可之前，自己都没有资格玩乐。

另一方面，你做的事本来有可能让你感到愉悦，可是，所谓"煞风景"的想法阻碍你完全投入享受。你同样可以使用活动记录来察觉、发现这样的想法。有些事凭直觉看上去应该让你开心，但事实上你并不开心，注意寻找这样的事例。你在做这些事时，你经历了什么？你当时有全神贯注吗？还是你实际上想着其他事（林和经纪人在一起时就是如此）？或者，被"本不应该如此"的想法占据，将自己与其他更享受当下的人在作比较？还是在和过去的状况做比较？又或者，在和你自己的期望与要求做比较？

如果你做的事本应让你感到开心，可你的心思却在别处时，你就无法投入并享受。所以，谨防这些"煞风景"的想法，学着把它们丢到一边，沉浸在当下。如果煞风景的想法太过强烈，无法丢到一边，那就把它们写下来，并作出应答（重新思考）。我们在处理焦虑和自我批评想法时，学到了三种核心技术，这也是它们的美妙之处：不仅可以用来处理煞风景的想法，还能用来处理任何让你沮丧、妨碍你理想生活的想法。

还有一种可能：如果你发现同样的事，过去能让你开心，现在你却开心不起来了，这是抑郁的一个典型标志。因此，如果你感受快乐的能力全面受损，回去查阅下第 1 章（第 11 页）描述的抑郁体征。如果你表现出这些体征，你可能需要去治疗抑郁本身。阅读一些专门针对抑郁症的 CBT 自助书籍会是个不错的开始。如果这些都没有帮助，而你的情绪持续低落，那建议你去寻求专业帮助。

如果我没成就任何事怎么办？

如果你是这样，利用你对自己活动的记录，以及对这些活动有何看法的观察，来了解背后的原因。可能的原因是：低自尊让你限制了自己的活动范围。比如，面对一个绝佳的机会，你是否会因为担心自己无法把握住而错失机会？你会不会因为担心出洋相或者被人拒绝而回避社交？你会不会觉得自己无法直面挑战而回避挑战？如果是这样，继续处理你的焦虑和自我批评想法，这可以作为拓展你活动范围或试验更多活动的第一步，还能让你对自己的能力拥有更正面的看法，增强你的成就感。

另一种可能是，你的活动范围可能已经很广，包括那些颇为困难、颇具有挑战性或者需要很多努力的活动，但是你的自我批评思维破坏了自己的成就感。我们前面讨论过，自我批评思维不仅让你精疲力竭，更打击你的积极性，并导致这样一种错误印象：你一事无成。这很可能是因为你给自己设定了很高的标准（你的生活规则）。警惕种种"应该""必须""务必"的想法，这可能表明你苛刻的规则被激活了，进而阻碍你认可并接受自己小的成功和成就，因为它们不够突出，或者你觉得自己本应做得更好、更快或更漂亮。

这类想法妨碍你认可并重视自己的优点、肯定自己的日常成就。当你完成一项工作的时候，注意你脑子里在想什么。你的想法让你感觉不错，并激励你继续吗？还是它们让你低落、气馁，感觉自己表现不好，继续下去毫无意义？如果是这样，你需要写下它们，并使用你已经掌握的技术重新思考。

林刚开始利用记录每天的活动时，她就发现自己是这种情况。下面给出了她的一些自我批评想法，以及她的应答：

表 6-4　林的自我批评想法

自我批评想法	替代想法
我永远不可能完成	事情一件一件做。你做得不错。关注你已完成的事情，而不是你仍然要做的事。肯定你做过的事，即使你没有完成所有事情
这不值得做	你总是这么想，直到有人告诉你：你做的事 OK。不要管其他人怎么想——我自己画作棒极了。而且不论其他人认为这幅画是否有价值，对你而言，这幅画是一趟发现之旅
就算我起床了，又怎样呢	对我来说，这太好了。我真的筋疲力尽了，我本可以整天都无所事事，但我没有
今天我不应该就这么白白浪费了，我工作时间还太少	做我享受的事帮助我自我感觉良好，帮我放松下来，迸发出更多创意。如果我让自己一刻不停，像一只无头苍蝇一样匆匆忙忙，我最终会停滞不前。经验告诉我，相比于不管不顾地埋头向前，我留出时间休息时，效率会更高

这又回到第 5 章（132—133 页）讨论过的：试着对自己更好，多多鼓励自己，而不是贬低自己，并导致自我挫败行为。你可以看到，让林不能从经验中获取最大收益的想法，是她的核心论断（"我不重要，低人一等"）或者某一生活规则（"我做的任何事都没有价值，除非得到他人认可"）的体现。你可以看到林在学着更加鼓励和欣赏自己，学着发现自己的成功，并在成功基础上继续前行，学着善待自己，学着接受称赞，学会放松和享受。在林正面应对核心论断和生活规则前，做这些事将逐渐削弱她的核心论断，帮她"违逆"自己的生活规则。

第二步：开始改变（试验）

现在你已经知道自己的"度日"模式，那么下一步就是：利用你的观察做出改变，进而提高你的愉悦感、掌控感以及成就感。如果你每天都总结自己的记录，那应该已经大致了解想要做出哪些改变了。现在你可以继续前行，利用之前的观察以及得出的结论，事先做出计划，努力在"成就活动"（职责、挑战、义务、任务）和"愉悦活动"（放松、享受）之间达到平衡。事先做计划是表达一种态度：你是认真的，你珍惜自己的时间，你希望每天都不要虚度。

刚开始有必要较为系统地做计划，也就是，每天都提前利用每日活动记录表来制定计划。在你情绪低落、缺乏动力时，这尤其重要。如果自我观察表明：（举个例子）你有强烈的完美主义倾向，因此你很难肯定自己所做的事，或者你很难把自己放在首位，或者，因为你有拖延症，所以常常沮丧，那么使用每日活动记录表同样会大有帮助。如果计划一整天的活动任务太艰巨，那你可以把一天分成几段（例如早上、下午、晚上），每次只计划一个时间段的活动。也可以每天只是简单列出一个清单，罗列两三件你特别希望做的事（可以是你一直回避的任务，或者让你开心的事情），这样可能就足以有效地帮你改善活动之间的平衡了，当你事先想好一些细节时，尤其如此。不管采用哪种方式，一旦你学会如何预先计划，你很可能就会发现：不需要记下任何东西，就能在成就和愉悦之间取得平衡，这在无形中就给了你很大帮助。尽管如此，有时候一份完整的书面计划还是必要的，比如在你特别忙或者压力很大的时候。不过这种时候，书面计划就只是一种高效管理时间的手段，或者只是用来提醒你忙碌的同时，也可以享乐、放松。记住：这无关效率，而是尊重自己，满足自己需要，让你的人生更加丰富和有意义。

如果你决定系统地试验"预先计划"，那么你将需要写下：

你今天的计划

你可能更喜欢在早上做计划，也可能更喜欢在晚上做计划，对你来说哪个时间最合适就选择哪个时间。比如，如果你早上既要送小孩上学，又要做好准备去上班，都已经忙疯了，根本无暇他顾，那就在晚上做计划（可以在你睡觉前的放松时间）。但是，如果你晚上一般都很累，累到脑子都浑浑噩噩，但是早上却头脑清晰，那就利用早上的时间。你可以在每日活动记录表上草拟计划，也可以在别的地方写下计划。关键的问题是：写下你的计划，以及最后你实际做了什么，这样就方便在一天结束的时候比较两者。有的人会在同一个地方写出计划并记录实际做的事，但用不同颜色或不同字体来区分。

你每天的目标都应该是：在愉悦和成就之间取得平衡。如果你的时间都被职责和琐事占据，完全没留出时间享受或放松，你最终可能会精疲力竭、满腹牢骚。另一方面，如果你完全忽视你必须要做的事，那你的享受中可能会掺入一事无成的苦味，你会一直惦记那些拖延的工作，让你不能尽兴玩乐。

记录你实际做的事

把你的计划当作一天的"指南"，同时在每日活动记录表上记录你实际做的事。和自我观察阶段的做法一样，满分 10 分，给每项活动都同时打出"愉悦"和"成就"分数。

回顾这一天

一天结束的时候，舒适、放松地坐下来，花几分钟回顾你这天做过的事。仔细检视你这天是如何度过的。你多大程度上遵守了计划？如果你没有遵守计划，为什么？你被分心了吗？是否发生了什么意料之外的事？你是否计划了太多事？如果是，是什么导致你计划这么多事呢？有没有可能是完美主义的幽灵不散？你从所做的事情中获得了多少愉悦和满足？你在愉悦和成就之间的平衡状况如何？你希望什么更多？什么更少？差别在哪？你全新的安排对你情绪和自我感觉的影响是什么？这些信息将帮助你更加清楚：对于每天的活动安排，你想要做出什么样的改变。

让"预先计划"发挥最大效用

如果我的计划成功了会怎样？

成功意味着你制定了一个现实的计划，在愉悦和成就之间取得一个好的平衡，完成你想要做的事，获得想要的愉悦感与成就感。如果你的计划是以这种方式实现，你就收获了真正正面的经历。你也明显找到了非常适合自己，以后应该重复的"度日"模式。

然而，即使是这样，做一些微调可能还是有所帮助，或者，你也可以继续这样制定计划，来鼓励自己进一步探索不同的可能。比如，你可以加入日常锻炼计划，或者留出和家人共享天伦的时间。你可以计划与失联的老友联系，或者处理掉拖延很久的一项工作。你也可以在计划中留出时间，去做你一直想做、但迟迟没做的事，或者如果你一直蠢蠢欲动，想要迎接全新挑战或者改变生活方式，也可以将这些内容加入计划中。

我的计划失败了怎么办？

许多原因可导致计划失败。尽管，事情不如所愿可能会让你感觉失望，但实际上，你计划"失败"可提供非常有用的信息，让你了解是什么让自己困在旧的模式中，无法获得想要的愉悦感和成就感。

你可能因为一些不开心的原因没能坚持计划。比如，你计划晚上和朋友去看电影，但后来同事让你加班。或者，你计划用一整个早上查看自己财务状况，但是不知怎么搞的，一直没腾出时间来做。现在是个绝佳机会，让你进一步了解：是什么妨碍我最大限度地从经历中获益。问题到底出在哪里？你是否计划了太多事情，远远超出合理范围？你的计划是不是太满，让你精疲力竭了？你是否整天都在做感觉"**应该**"做的事，而不是你会享受的事？你是否忘了留出休息时间，也就是放松或个人时间？另一方面，你是否整天都没做什么"正经事"，最后感觉又浪费了一天？你是不是最后都在做别人希望你做的事，而不是对你有益的事？如果你注意到这些模式，问一下自己：你是不是对这些模式似曾相识？其他情境中，你是否也采用同样的行为方式？你计划之所以出错，是不是反映了更一般的生活规则或策略？

如果你能了解问题的性质，你就已经在解决问题的边缘了，你已做出了实质的改变，识别并重新思考了让你裹足不前的自我挫败想法（166页列出了林的类似想法）。你很可能已经发现：让你无法完成计划的症结，同样会妨碍你生活的其他方面。

如果我找不到任何开心的事情去做，怎么办？

你很可能发现：我竟然想不到什么事是可以让自己开心的，如果低自尊让你无法照顾好自己，让你无法从生命中获得欢愉，那就更是如此了。建议把这个问题当作一个特殊的项目来处理：你可以想到多少种让你高兴起来的方式？在思考过程中，不要自我审查，想到什么就记下什么，不管想法多么不可能实现。

你也可以注意其他人都做什么来找乐子。你的朋友，以及其他你认识的人是怎么做的？你从电视或社交媒体上看到的情况是怎样的？你所在的城市有"同城活动"网站？当地图书馆和大学都有什么活动？当你出去闲逛时，路人都在玩什么？列出一个清单。现在，开始想想你自己。即使你现在没什么开心的事，过去有吗？是什么？有没有你一直想要做、但始终腾不出时间做的事？所有可能做的事情有哪些——即使你从没试过？把所有这些事情都加入你的清单。

找出不同情况下，你可以做什么来获得不同的快乐。你一个人可以做什么（比如阅读、看电视或散步）？和人在一起可以做什么（比如去夜店、读夜校或者去画廊）？需要花时间的事情（比如度假、当天往返的短途旅游或者借住他人家）？边边角角的时间可以做什么（比如喝一杯好茶或啤酒、泡个芳香浴或者停下来看看窗外）？花钱的事情（比如买花、看电影或外出就餐）？免费的事情（比如欣赏日落、浏览商店橱窗或者看看旧照片）？你能想到什么身体上的愉悦（比如游泳、放风筝或者按摩）？你能想到什么心智上的愉悦（比如听一场辩论、玩拼图游戏或填字游戏）？户外能做什么（比如打理花园、去海边或者开车兜风）？在家能做什么（比如从购物目录上挑选衣服、听音乐或者玩电脑游戏）？把所有这些都加入清单。

一旦你列出了这份"可能让自己开心的事情"清单，把它们放进你一天的计划中。你可能还是怀疑它们对自己是否有用。只有一种方式能找到答案：试验！还要记住：提防煞风景的想法。如果可以，把它们丢到一边；如果它们持续烦你，就把它们写下来并重新思考。当你能主动寻开心，你就是"待人如待己"了：像对待你爱的人和在意的人一样对待自己。这正是提升你自尊需要采取的方法。

因此，照顾好自己，就如同照顾你深爱与尊重的人一样，也就是做自己的好朋友。

如果我整天都在履行各种义务，我该如何处理？

如果你真的整天都忙于"不得不"做的事，那就难以抽出时间放松，做些开心的事。你怎么可能忙里偷闲？有太多责任在身的人，很难在义务和快乐之间找到平衡，事实上，我们每个人都曾经有过一段时间是这样，都有过这种感觉。但是，无法抽出时间只为自己而活会适得其反，认识到这一点非常重要。如果你持续从一口井里抽水，那水迟早会被你抽干。你会发现自己越来越疲累，压力越来越大，到最后，你不得不做的事没法做了，本身希望做的事也没法做了。甚至你的健康都会受到影响。因此，留出时间放松对你以及你身边的人的幸福都至关重要。

如果你认可以下观点：放松和快乐是照顾自己必不可少的部分，可以让你恢复活力，是你健康幸福的前提，那么即使非常繁忙，你也能很好地腾出时间为自己制造小小的快乐。把它们看作你所有努力的奖励，你完全有资格享受。抽出五分钟时间喝杯咖啡，在写字楼四周散散步。花十分钟时间，使用特别的肥皂淋浴。晚餐吃顿好的。买一小捧不贵的花。熨衣服或修理汽车时，听你最喜欢的广播节目。趁小孩睡着，坐下来看本杂志，而不是觉得必须要做做家务。灵活一点，有创造性一点，别让自己被无穷无尽的工作和义务折磨。长远来看，这对你、对任何人都没有任何好处。

我如何才能处理所有被我拖延的事情？

如果你的拖延症已经持续一段时间，那么，只要想到有一大堆事情等着自己去做，就会让你不寒而栗。但是，解决实际问题可提高一个人的胜任感，并因此提升自尊。相反，回避问题和工作可能让你进一步感觉生活正在失控，并让你自我感觉变差。

对于如何处理拖延症，你可以遵循下列步骤理出头绪：

1. 列出一份清单，罗列你拖延的工作以及回避的问题，不用管它们发生的顺序。

2. 如果可以，按重要程度为这些项目编号。什么是当务之急？接下来呢？再接下来呢？如果你不能决定，或者这确实无关紧要，就简单以字母顺序或者按发生顺序编号。

3. 处理排在清单首位的工作或问题。将其分解为可行的小步骤。在脑中预演这些步骤。同时，写下每步你可能遇到的任何实际问题，并想出应对方法。这个过程可能需要寻求帮助或建议，或者需要广泛获取信息。

4. 当你预演计划时，提防妨碍你解决问题或完成工作的想法。可能会出现焦虑预测（比如，"我无法找到解决办法""我肯定不能做完所有的事"）。或者你可能会自我批评（比如，"我几周之前就应该做完的""我是一个懒鬼"）。如果是这样，写下你的想法，并寻找更有帮助的替代想法——你已经学过这一技术了。

5. 一旦你制定好逐步的计划，而且对该计划颇有信心，那就想象自己按照制定好的步骤，一步一步成功解决问题，想象要尽可能生动逼真，就像运动员在上场之前，想象自己如何完美地跳高或踢球，这样做过之后，他们上场后会重现想象中的动作。

6. 接下来就一步一步完成工作或解决问题，处理任何实际的困难，并且，当出现焦虑或自我批评想法时，一一进行处理——就像你在想象中预演的那样。

7. 在你的每日活动记录中写下最终的结果，并给出"愉悦"和"成就"评分。记住，如果你一直在拖延，那么现在即使是完成了一项琐细的工作，或是解决了一个微不足道的问题，都值得鼓励。肯定你的"成就"，而不是时刻把尚未完成的事挂在嘴边。

8. 以同样的方式，着手处理清单中的下一项工作。

本 章 总 结

1. 忽视自己的优点、不让自己完全享受生活、低估或者否定自己的成就，都是自我偏见的一部分，还会维持低自尊。

2. 提升自我接纳（进而提升自尊）要求你承认自己的优点（而不是只将注意力放在自己的弱点上），建立一个平衡、友善的自我信念。这是处理自我批评想法后的补充工作。

3. 为了达到这一目标，你可以一步一步学习发现、重现并（利用优点文件夹）记录优点事例。这个过程中，接受并重视自己的优点，然后接纳并重视自己，并让这成为第二天性。

4. 密切注意自己的"度日"方式，注意自己每天获得多少愉悦感和成就感，这可以让你知道，应该怎么做才能获得丰富、满意的生活。

5. 改变不能一蹴而就。旧的无益思维模式以及严苛的生活规则可能会妨碍你前进。你可以利用前面学过的三种核心技术来解决。

6. 做出这些改变的目的是，学着接受真实的自己，让你觉得可以友善、体贴地对待自己，就像对待任何你在意的人一样，简而言之：做自己的好朋友。

第 7 章
改变规则

引　言

　　焦虑预测和自我批评想法不是凭空而来。第 3 章已讨论过,它们通常是潜在生活规则的最终结果,因为生活规则通常在生命早期就已形成,其目的是帮你应对这个世界,所以"核心论断"看起来也十分真实。生活规则的目的是让你增强对生活的掌控。但事实上,长远来看,这些规则会妨碍你获得生命的馈赠,让你无法接受真实的自我。

　　生活规则反映为日常的策略或处世之道,也就是按照其"条款"来规范行为方式。当你自尊偏低时,你的生活规则决定了你给自己设定的标准,你应该做什么来讨人喜欢、被人接纳,以及为了感觉自己是个好人和有价值的人,你的行为应该如何。个人规则定义了什么能接受,什么不能接受,而且几乎让你别无选择:它规定你"必须"如此,同时还详细规定违反其"条款"时会产生何种后果。

　　布里奥妮的一条规则就是例子:"如果允许别人亲近我,他们就会伤害并利用我。"因为打破规则通常会产生痛苦的后果,所以,对于那些规则可能打破的情境,你可能异常敏感。这样的情境有可能触发你的核心论断,导致第 3 章讨论过的、包含焦虑预测和自我批评思维的恶性循环。

现在，你已了解了检验焦虑预测以及质问并重新思考自我批评想法的益处。然而，如果只停留在处理日常想法、感觉和行为的阶段，而不去触碰生活规则与核心论断，那就好比斩草不除根。本章将教你如何识别自己的生活规则，帮你了解个人规则如何导致低自尊，探讨如何改变个人规则并制定新规则，这会让你活动更自由，鼓励你接纳真实的自己。你将发现，前面学过的三种核心技术：觉知、重新思考和试验，会再次发挥作用。

阅读本章过程中，你可以书面或电子文档形式总结以下内容：有关你个人规则的发现；你质问它们时的论辩模式；你的新规则以及将它们付诸实践的行动计划。第177页推荐了一些用来总结的"纲领"，在210—211页则给出一个总结示例。这些纲领与后文的质问相呼应，有助于你组织自己的想法，便于重温并确保新的规则对你生活产生实际的影响。因为无益的生活规则可能很难改变，所以这很重要。在阅读本章时，你的论辩模式对你来说可能一目了然、非常清晰，但是，下一次当你处于问题情境并真正需要使用它们时，它们可能变得模糊并难以理解。你在许多不同情境中一再遵循的旧规则可能强而有力，当你沮丧并难以清晰思考时，尤其如此。书面总结的作用是：让新规则随时可以看到，即使处境艰难时，你也更容易遵循它行事。

生活规则从何而来？

规则可以是有益的，它们帮助我们理解发生的事，帮助我们识别重复的模式，帮助我们驾轻就熟地应对新经验。它们甚至能帮助我们存活（比如"每次过马路时，我都必须两头张望"）。规则是社会组织的一部分。国家宪法、政治意识形态、法律框架、宗教信仰、专业伦理以及学校行为准则——所有这些都是规则。

父母教会小孩规则,这样他们就能独立生活(比如"不能挑食")。子女也会通过观察,从家人和父母那里学会规则。他们观察事物间的关联(比如"如果我不打扫自己的房间,妈妈就会帮我打扫"),而这些会发展成更为普遍的规则(比如"如果事情出错,自然会有人出来收拾残局")。他们能接收那些没说出来的期望。他们留心观察什么情况下自己受到表扬,什么情况受到批评,什么让父母喜逐颜开,什么让他们眉头紧锁。所有这些经验都能变为个人规则的基础,持续影响人们的生活方式。

有益的规则通常是经过了大量试验和检验,有坚实的经验基础。这样的规则灵活变通,可让人适应环境的改变,待人接物时因人而异。举例来说,生活在一种文化中的人,进入另一种文化时,可以

表 7-1 改变规则:书面总结的纲领

我的旧规则是:	用你自己的话陈述规则
该规则对我生活有如下影响:	总结旧规则如何影响你
我知道我在使用该规则,因为:	记下你仍在使用这一旧规则的蛛丝马迹(想法、感觉、身体状态、行为模式)
可以理解我为何会有这一规则,因为:	总结那些让你建立并强化该规则的经历
然而,该规则是不合理的,因为:	总结你的规则不符合事物规律之处,以及该规则对你的要求,如何超出了对一个不完美的普通人的合理要求
遵循该规则的"收益"是:	总结遵循该规则的好处,以及不遵循的风险。检验这些规则是否言过其实
但坏处是:	总结遵循该规则的弊端
更现实和有益的规则是:	用自己的话写出新规则
为了试验新规则,我需要:	写下你强化新规则的计划,以及如何在日常生活中将新规则付诸实践

成功调适，适应当地的社会习俗，因为他们与人交往的规则灵活、开放。但是，如果一个人的社交规则僵硬死板，特别是当这些规则被视作**唯一正确**的行为方式时，他们就会陷入困境。

有益的规则帮助我们了解世界，成功协调我们的需求，与此相反，有些规则让我们陷入无助的模式，阻碍我们实现人生目标。这些规则设计出来是为了维持自尊，但事实上，它们却破坏自尊，因为它们对我们提出的要求根本不可能达到。它们让我们无转圜余地，不顾我们的个人需求（比如"无论代价如何，你必须总是做到百分之两百"）。这些规则因为极端且刻板，会带来很多问题。它们变为限制自由、禁绝改变的"紧身衣"。

易引发低自尊的规则可能体现在生活的许多领域。它们可能规定你在不同情境中应达到的标准。比如，拉吉夫拥有的完美主义规则，不仅要求他在职场上表现优异，还要求他保持完美的容貌，要求完美的居住地、完美的房屋装修，要求他开什么档次的车，要求他去哪里度假等等。换言之，对日常生活的各个方面都提出高要求。

规则还可能让你和他人相处时无法完全表现真实的自我。和凯特一样，你可能会觉得：能不能获得别人的赞同、喜欢、爱和亲近，全都取决于你行为是否符合某个规范（或者你是怎样一种人）。规则甚至可能影响你对自己感觉和想法的反应。就像迈克，他只有完全掌控自己的情绪、想法和生活中遭遇的所有事情，才能自我感觉良好。这些无益的规则会将你"囚禁"起来。它们在你四周筑起一堵期望、标准和要求的墙。现在推倒它的机会来了。

生活规则和核心论断的关系

低自尊的核心是你相信自己的核心论断真实的信念。无益的规则就像"例外条款",是用来避免核心论断成为现实的手段。例如,内心深处,你可能相信自己是能力不足的,但是,**只要**你一直努力工作,并给自己设定高标准,你就能超越自己的能力不足,获得不错的自我感觉。或者,你可能相信自己没有吸引力,但是,**只要**你有源源不断的笑话,是派对上的灵魂人物,可能就不会有人注意到你没吸引力,你同样因此获得不错的自我感觉。

大多数时候,像这样的规则都可以运行良好,这也是你为什么实施并遵循规则的原因。从长远来看,即使你隐隐有些疑惑,这些规则仍然可以保护你免受低自尊之苦,让你自我感觉还不错。然而,不幸的是,它们存在一个根本性的问题:规则帮你粉饰自己的感觉,你对自己真实的看法其实深藏在粉饰之下(你的核心论断)。但是,规则不改变核心论断。而且,规则越成功,你越善于满足其要求,你就越是没有机会退后一步,审视并质问你的核心论断,越是不能采纳更接纳、更欣赏自我的看法。因此,核心论断一成不变,随时面临着规则被打破的险境。在第 180 页,你可以看到这一系统如何在拉吉夫身上发生作用。

规则长什么样?

规则是习得的

无益的规则并非从正式的课堂中习得,而更多是通过经验和观察习得的。这很像小孩学说话时不用学习严谨的语法规则。作为成年人,你说的话符合语法(不然别人就无法听懂你的话),但是,除非你特别对此进行学习,你很可能不了解自己遵循的语法规则。因此,你可能很难或者不能说清楚那些语法。

个人生活规则也差不多是这样:你的行为可能一直都符合你的

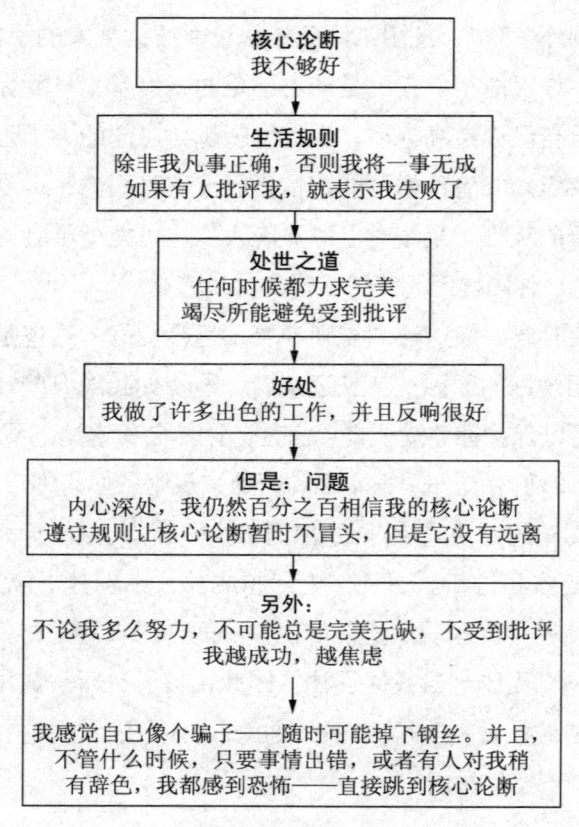

```
┌─────────────────────┐
│      核心论断        │
│      我不够好        │
└─────────────────────┘
          │
          ▼
┌─────────────────────────────┐
│         生活规则             │
│  除非我凡事正确，否则我将一事无成  │
│  如果有人批评我，就表示我失败了   │
└─────────────────────────────┘
          │
          ▼
┌─────────────────────┐
│       处世之道       │
│  任何时候都力求完美   │
│  竭尽所能避免受到批评 │
└─────────────────────┘
          │
          ▼
┌─────────────────────────────┐
│           好处               │
│  我做了许多出色的工作，并且反响很好 │
└─────────────────────────────┘
          │
          ▼
┌─────────────────────────────────────┐
│            但是：问题                │
│  内心深处，我仍然百分之百相信我的核心论断 │
│  遵守规则让核心论断暂时不冒头，但是它没有远离 │
└─────────────────────────────────────┘
          │
          ▼
┌─────────────────────────────────────┐
│              另外：                  │
│ 不论我多么努力，不可能总是完美无缺，不受到批评 │
│             我越成功，越焦虑          │
└─────────────────────────────────────┘
          │
          ▼
┌─────────────────────────────────────┐
│ 我感觉自己像个骗子——随时可能掉下钢丝。并且， │
│ 不管什么时候，只要事情出错，或者有人对我稍  │
│ 有辞色，我都感到恐怖——直接跳到核心论断    │
└─────────────────────────────────────┘
```

图 7-1　生活规则和核心论断：拉吉夫

规则，但是你从未一五一十地说出自己的规则。这可能是因为，这些规则反映了你在很年轻、还不具备成人的广阔视野时，就已形成的"为人处世"态度。在你"起草"自己的规则时，它们很可能十分合乎情理，但是，它们是建立在知识不完备以及经验有限的基础之上，因此可能已过时，和你目前的生活不相关。

规则是我们所处文化的一部分

规则是我们社会和家庭传统的一部分。例如，想想性别刻板印象，也就是社会演化过程中形成的关于男人和女人应该如何如何的规则。我们在幼年即吸收这些观点，并且，即使我们不同意这些观点，也很难在行为上公然违背。如果我们胆敢"离经叛道"，则可能受到社会的非难，或者受到更严厉的惩罚。女性在职场发展上仍然面临困境，让男性在儿童保育中发挥更积极作用的倡导，以及很多社会中同性恋和跨性别人群面临的困境，都可作为性别刻板印象的例子。

个人生活规则常常是社会规则的放大版本。比如，西方社会十分看重独立和成功。对个人来说，这些社会压力可能表现为如下的规则："我绝不能寻求帮助"和"不居上位，便是失败"。社会和文化规则会改变，而且这些改变会（通过家庭）对个人规则产生影响。比如，在英国传统里，"绷紧上唇"①（stiff upper lip）极为重要。对于个人来说，这可能表现为："如果我表露自己的感情，人们觉得我软弱、瞧不起我"或者"要超越个人情感"。但是，近来趋势已经改变，公开表达自己的脆弱与情绪已不再是禁忌。对于个人来说，这可能变为："如果我违背我的内心，就意味着我冷酷、不近人情"。衍生出个人规则的文化无处不在：政治体制、族群、宗教团体、阶层、社群、学校……不论你的背景如何，除了原生家庭以外，你成长并生活其中的文化都可能影响你的个人规则。

对你来说，你的规则独一无二

尽管你的规则可能和同一文化内的个体有许多共通之处，但是，每个人的人生经历都有所差异。就算是生在同一个家庭，每个小孩的经历也都是不同的。不论父母多小心翼翼，力求"一碗水端平"，每个小孩的待遇都会稍有差别，父母爱他们的方式也会各自不同。

---

① 指情感内敛，不轻易表露。——译者注

因此，你的规则是独一无二的。

规则僵硬，拒绝改变

这是因为规则基于日常生活，塑造你看待事物、解释你经历的方式。第 2 章讨论过的知觉偏向和解释偏向强化并巩固了这些规则。你遵循规则的行为方式让你难以发现这些规则多么无益。

回顾下你检验焦虑预测时做的工作。你看到，不必要的预防措施让你无法发现自己的恐惧是否准确。规则以同样的方式运作，但是是在更广泛的层次上。比如拉吉夫，不仅在完成备受关注的任务时，努力做到"百分之百优秀"，而且从更广义的角度看，他是以完美主义标准要求生活中的所有事情。这意味着他没有机会发现以下事实：他拥有很好的天赋技能，实在没有必要给自己那么大压力。

规则与强烈的情绪相联系

当你打破规则以及游走在打破规则的边缘时，你的情绪将会很强烈。你感觉抑郁或绝望，而不仅仅是悲伤。你体会到狂怒，而非恼怒。你的反应是恐惧，而非担心或担忧。这些强烈的情绪是规则在运行、核心论断即将激活的标志。这个意义上说，强烈的情绪是有用的线索。然而，因为情绪过于强烈，可能让人很难带着好奇、兴趣以及疏离的视角观察当下的状况。

规则不合理

如同焦虑预测和自我批评想法，个人生活规则同样与事实不符。它们不符合事物运行规律，不符合对普通"凡人"的合理预期。拉吉夫（第 180 页）就认识到一点：他后来承认，人不可能总是完美，难免会受到批评。后面重塑你的个人规则时，我们还会详细探讨这个问题。

规则过于极端

无益的规则过度泛化。它们让你无法在具体环境中做出有益和适应性的改变。它们不会因时、因地制宜：一时一地中有效的规则，在他时他地可能无效。这反映在规则的表述方式之中："总是/从不""每个人/没人""凡事/没有什么"。它们让你无法注意环境的瞬息变化，无法判断情境本身的特征，无法根据具体时间、具体需要随机应变。

规则是绝对的，不允许有灰色地带。同样，这也反映在其表述方式中："我必须……""我应该……""我应当……"，而不是"为了我好，我得……"或者"我宁愿……""我需要……"，也不是"我希望……"或者"我想要……"。这一"非此即彼"的特点可能反映了如下事实：在你年纪很小，还没有积累丰富的阅历，不能从更复杂的角度看事情时，这些规则就已经发展成熟。

规则确保低自尊持续

拉吉夫总结得到的路径（第180页）点出了一个重要问题。拉吉夫注意到，自己的一些规则事实上是无法实现的：表现百分百完美，永不受到任何形式的批评。有害规则的这个特征与低自尊相联系，也就是说，你的自我价值感依赖于不可能的事情（比如完美、一切尽在掌控之中），或者依赖于不受你控制的事（如被所有人接纳和喜欢）。人们把自尊悬于许多"钉子"之上：

- 年轻
- 漂亮

- 健康
- 有体面的工作
- 有小孩
- 有钱
- 有地位
- 念合适的学校
- 有伴侣
- 体重和身材达到某一标准
- 成为领军人物
- 取得成功
- 出名
- 被爱
- 出色的子女
- 有安全感
- 具有性吸引力……

清单可以一直列下去，但问题是所有这些无一能够打包票。我们都会老；我们难免生病；我们可能受伤或致残；我们可能丢掉饭碗（无论是因为公司更动，还是经济下行，甚至是计划之内的退休）；我们的子女会离开家（又或者，如果他们不离开家，我们同样担心）；我们人生中，没人爱或者未来无保障时有发生，诸如此类。所有这些都很脆弱，而且能被夺走。这表示，如果我们依赖它们来保持自我感觉良好，那我们的自尊也是脆弱的。简单因为当下拥有的而满足，不论你的境况如何，都接纳真实的自己，会让你自己处在一个更为强大的位置上。

如何识别你的生活规则（觉知）

我寻找的是什么？

你是在寻找反映你自我预期的一般性规则，你应该是怎么样以及应该如何行动的标准，对什么是可接受、什么不可接受的感觉，以及对人生成功并获得满意关系的必要条件的看法。本质上，你是在界定：为了自我感觉良好，你必须怎么做、你必须怎么样，以及你的自尊依赖于什么。如果你自尊偏低，那可能因为这些标准苛刻且不现实（比如，比你对他人的期望要高），还有可能当你探索这些标准的影响时，你会发现它们实际上让你无法拥有安全感和个人价值感。

无益的规则以何种形式呈现？

生活规则通常以下三种方式呈现：假设、"迫使"和价值判断。

1. 假设

假设，也就是你对自尊与"外物"（比如第184页罗列的那些）之间有何联系的看法。它们通常是以"如果……，那么……"的命题形式呈现（也可以表达为"除非……，否则……"）。如果你回头看第2章第51页的生活规则清单，你会看到很多假设的例子，比如：

布里奥妮	如果我让人接近我，（那么）他们会伤害并利用我
拉吉夫	如果有人批评我，（那么）就表示我失败了
凯特	除非我事事迎合他人，（否则）我会遭到拒绝
林	我做的任何事都毫无价值，除非受到他人认可（相当于，除非我做的事受到别人认可，否则就毫无价值）

有时候,"如果……,那么……"和"除非……,否则……"的形式不是十分明显,但是如果你仔细看,还是能看出来。比如,亚伦的"反击才能生存"可以被理解为如下假设:除非我反击,否则我会被灭。

像这样的假设明显更像负面预测。它们描述了如果你采取(或者未能采取)某种行为方式,会发生什么。因此,可以明显看出改变它们的一个重要方式:即通过实现"如果……",看看"那么……"是否真的发生。前面有关焦虑预测的章节已经讨论过,威胁更多是想象而非真实。

2. 迫使

"迫使",即那些为了让我们自我感觉良好,"强迫"我们采取某一行为方式或者成为某类人的"应该""必须"和"应当"。第51页的清单中有些"迫使"的例子:

布里奥妮	我绝不能让任何人看到真实的我
杰克	我必须时时刻刻严格自控
迈克	我应该有能力处理人生中任何棘手的事情

迫使中通常隐含有"否则"。如果你能发现其中的"否则",你就能检验其准确程度和有益程度。如布里奥妮,她的"否则"是"他们会看到我多坏,并拒绝我"。对于杰克,则是"我会行为失当,并且把事情搞砸"。对于迈克,则是"我很可悲"。

从上面的例子你可以看到,这些"否则"非常接近于核心论断。实际上,"否则"可能就是核心论断的简单表述:"否则就表示我有所不足/不值得爱/能力不足/丑陋",诸如此类。这种情况下,"迫使"就非常清楚地表述了他们自尊的基础。

3. 价值判断

所谓价值判断,就是如果你采取(或不采取)某种行为方式,或者你是（或不是）某类人，结果会怎么样的表述。某种意义上来说，它与假设十分类似，但是其表述更模糊，可能需要分解才能完全理解。例如："犯错很可怕""被拒绝是无法容忍的""掌控至关重要"。如果你发现这种形式的规则，你就需要问自己一些细致的问题，以弄清楚它们对你的要求。试着找出这些语意模糊的词语（"可怕""不可原谅""至关重要"）的准确含义。比如：

- 犯错"可怕"在哪？如果我犯了一个错，然后呢？表明了我什么样的特质？最坏的情况可能是什么？后果会是什么？
- "无法容忍"是什么意思？如果我想象自己被拒，我脑子里想的到底是什么？我想象中发生了什么？我想象自己的感觉会是什么？感觉会持续多久？
- 何以"至关重要"？如果事情不在我掌控之中，会发生什么？掌控可以让我避免什么？如果事情失控，最坏的情况可能是什么？对我会造成什么影响？会让我成为哪种人？会对我在世人心中的位置造成什么影响？

我怎么知道自己发现了规则？

发现自己的规则可以是一个引人入胜的过程：你变身侦探，寻找破案的线索；或者你变身冒险家，寻找通往丛林的地图。所以，你可以试着饶有兴趣、满怀好奇地展开"调查"，甚至是带着好玩的心态调查。现在的状况是什么？你一再重复的模式是什么？它们的含义是什么？它们要求你必须做什么，才能自我感觉良好？

因为，你可能从未很清楚、很详细地用言语表述过自己的个人规则，所以，相较于常常能直接体察到的焦虑和自我批评想法，规则可能不那么容易识别。

发现你的规则后，你甚至可能感觉颇为吃惊（"啊，不可能，我不相信"）。如果这是你的第一反应，停留片刻，仔细思考。你平静地坐在那里，面前放着你写下来的规则，这种情境之下，你可能很难相信：这竟然是自己的规则？但是，当你处于相关情境中时，情形如何？比如，如果你的规则是关于取悦他人，当你在某一情境中，感觉自己没有取悦他人时，情形如何？或者，如果你的规则和成功有关，当你身处某一情境，并感觉自己失败了，情形如何？还有，你沮丧、自我感觉不好时，情形如何？即使在你客观冷静思考后，你仍然不是百分之百相信自己找出的规则，可是，你的行为方式是否**事实上**符合这些规则？如果是这样，你可能觉得自己做了无用功，可实际上，你是挖到了金子。

你在处理焦虑预测、自我批评想法以及提升自我接纳和自尊的过程中，实际上已经掌握了大量有用的信息，可以帮你识别自己的规则。你可能已经发现，某些情境确实会引发不适的情绪，给你造成困扰。这些情境可能就是与你的个人规则相关的情境。

比如，拉吉夫的关键情境是：他的表现可能无法达到标准的情境、可能招致批评的情境。你观察到自己反应中的重复模式，可能已经"明示"你的规则为何了。如果没有，也不要担心。如果你从未将自己的规则诉诸语言，那可能要花一点时间来准确发现自己的规则。保持心态开放和创造性。从不同角度推进这项工作，利用下面的指引来逐步发现规则。检验不同的规则，试验不同的用语，随意使用所有线索，直到你找到一个对在不同时间、不同情境下持续影响你的规则的概括性描述。

识别生活规则：信息源

你可利用许多信息源来识别规则。189—194页总结并详细描述了其中部分信息源。建议你探索各种不同的信息源,这样才能收获最大,并启发思考。

你还应该了解:你的规则数量可能很多。只要有所发现就记下来。但是,很可能最好的方式还是:一次只系统地识别一个规则。否则,你可能会忘了自己在做什么。如果某个生活领域是你特别想要做出改变的(比如与他人的关系),那就选择与之相关的一个规则入手。当你制定并检验了一个替代性规则之后,你就可以运用学到的方法去处理其他规则了。

表 7-2 识别无益的生活规则:信息源

- 直接的表述
- 主题
- 你对自己及他人的评判
- 记忆,家人的话语
- 由反识正(你感觉绝佳的事物)
- 箭头向下法

直接的表述

仔细查看你有关焦虑预测和自我批评想法的记录。看看是否可以识别伪装成具体想法的规则。仔细思考后回答下述问题:你对具体情境的任一预测,反映了更一般的问题吗?你的自我批评想法中,有没有一些是一般性规则的具体例子?

当拉吉夫匆忙完成任务时,他心想:"必须做到百分之百出色。"深入思考后,他发现这一表述也适用于其他许多情境——它是一个一般性的规则。

主　题

即使你的记录表中没有直接表述的生活规则，你能从中挑出自己持续关注的事物吗？也就是，贯穿你此前工作的主题？什么样的情境肯定会让你怀疑自己（比如，注意到自己事情没做好，或者必须去见一个不熟悉的人）？你对自己的哪些方面最苛刻？他人的什么行为可能会瓦解你的自信？重复的主题可反映出：为了维持你的自尊感，你对自己、他人和世界的要求。

林在她的焦虑和自我批评想法记录中注意到，只要有任何迹象表明别人不喜欢她的画作，她就会苛责自己。深入思考之后，这帮助她识别了一条新规则："如果有人不认可我，那一定是我出了什么问题。"而拉吉夫，注意到记录自己每天活动时，他倾向于"无视"成就分低于 8 分的活动。思考之后，他意识到，这一非此即彼的思维体现了他的完美主义规则："如果不是百分之百，就毫无意义。"

你对自己及他人的评判

查看你的自我批评想法。在什么情况下，你会开始贬抑自己？你批评自己什么？这表示你对自己的期望是什么样的？如果你放宽标准，会发生什么？事情会出什么错？如果你不严格要求自己，不遵守规则，最终你会怎么样？你可能会变成什么样的人（比如愚蠢、懒惰、自私）？不论什么情况，你都不可能允许自己做什么、成为什么样的人？

同时也想想你批评他人什么。你期望他们达到什么标准？这可能反映了你对自己的要求。比如拉吉夫，他注意到，自己总是看不惯工作态度随意的人，即那些允许自己午休，且时间一到就下班的人。他会腹诽："没用的东西，还不如压根就不来上班。"对他人的严苛评判，也反映出他给自己设置的高标准。

记忆，家人的话语

前面说过，规则根植于经历。有时候，规则的根源可以追溯到某些早期的经历，或者追溯至流传在家族中的说法。识别这些可以帮助你理解你的处世之道。你的规则现在可能过时且无益，但是，它们曾经可能极为合情合理。

我小时候提出要什么东西时，得到的回应常常是拒绝："你要？要就没有。"从中我得到的信息是，如果我想要什么东西，我会被拒绝，或者它会从我手中被夺走。为了避免失望，还是不要渴望什么，并且，坦陈自己的意愿真的不是好的做法。

我直到最近有了自己的小孩才意识到，"你要？要就没有"实际上意在传递完全不同的信息："如果你想要什么，请说'请'。"或者更普遍一点，它的意思实际上是："请礼貌一点"。尽管我对这句话有了全新的理解，我有时候直接表达自己的需求时，仍然感觉尴尬和不舒服，而且自己一门心思渴求什么时，我会感觉惴惴不安——就是说，我在表达需求方面仍有困难。

这个例子表明有时候"说者无意，听者有心"。本意是教你礼貌，却被理解为不那么善意的教训。我小的时候，不理解其中差别，只能完全从字面上理解，进而发展出一套处世之道，最后的结果就是，无论在什么情况下，我都坚持这样的处世之道。即使完全理解了问题及其源起，还是不能完全抛弃这样的处世之道。实际上，识别自己的规则只是改变它们的第一步。

回顾你小时候，也就是儿童期以及十几岁的时候，思考你接收到的信息，有关行为举止以及"你应该如何如何"的信息。问你自己：

在我成长过程中：

- 我被要求应该如何，不应该如何？
- 如果我不听话，后果会怎么样？那会让我成为什么样的人？别人给了我什么样的期望？对我与他人关系或者对我未来的含义是什么？
- 我因为什么受到批评、惩罚或嘲笑？
- 如果我未达成目标或者未能达到预期，人们会说什么或做什么？
- 我犯错、调皮捣蛋或在学校表现不好时，我的家人有什么反应？
- 我因什么受到表扬和欣赏？
- 为了获得关心和疼爱，我要做什么或是成为什么样的人？
- 我还记得什么"家训"（比如"宁可事先谨慎有余，不要事后追悔莫及""吃得苦中苦，方为人上人""做傻事才是真的傻"）？

为帮助你想起特别的回忆，请再次查看你的想法记录，挑出那些在你身上十分典型的感觉和想法（主题）。问你自己：

- 我第一次出现那些感觉，或第一次注意到自己以那种方式思考、行动是什么时候？当时是什么情形？
- 当我审视那些让我焦虑或者触发自我批评的事情时，它是否勾起我对过去某些事的回忆？谁的声音或面孔出现在我脑子里？
- 我什么时候第一次领会到别人对我有所期望，或者感觉到认同或爱是有条件的，必须做别人要求的事，成为别人期望的人，而不是简单取决于我本真的样子？
- 我脑子里冒出什么特别的记忆、画面或话语？比如，凯特取悦他人的倾向被她妈妈重复的唠叨强化："如果你调皮捣蛋，妈妈就不会再爱你了。"她还清楚记得，一次争吵后，她妈妈出乎意料地离家出走了，凯特跑到街上去，求妈妈回家，心里认定自己被抛弃了，这些画面至今都犹在眼前，每每想起都还是令她沮丧。

由反识正

通过考察难以掌控的情境，你可以识别你的生活规则。你也可以通过仔细考察你感觉特别好的时刻，以获得线索。可能是在你遵循规则的时候：做了应做之事，他人的反应也让你自我感觉良好。你**确实**达到了那些高标准，你**确实**每个细节都做到了极致，每个人**确实**都喜欢你，虽然艰难，但你**确实**控制了局势。因此，问自己：

- 什么让我感觉无比美好？
- 其含义是什么？我可能遵循了什么规则？我达到了什么标准？
- 我钦佩并重视他人的什么品质和行为？因此，我觉得自己的行为和品质应该如何？

箭头向下法

该方法要求你首先弄清楚自己在特定问题情境中的所思所感，然后据此发现一般性的规则。该方法最早出现在大卫·伯恩斯的著作《好心情》(*Feeling Good*)中，该书是一本针对抑郁的认知疗法自助手册。在 197 页你会看到一个示例（拉吉夫的"箭头向下法"）。下面是该方法的步骤：

你的出发点

想一想肯定会让你沮丧以及自我感觉不好的一类问题情境（比如，受到批评、错过最后期限、直接拒绝了一个机会）。这些情境中，你的生活规则可能被打破，或者实际上已经被打破，你的核心论断因此被激活。现在，想想最近发生的记忆犹新的例子。

细　节

生动地回忆上面想到的那个事例，当时的情境是什么？到底发生了什么？你脑子里出现了什么样的想法或画面？你体验到什么样的情绪？你身体状态如何？你做了什么？结果是什么？详细写下你记得的事。

然后，找出你认为最重要、最具代表性的想法或画面。

向下的箭头

不要马上搜寻替代性规则，首先问自己："假设那个想法或画面是正确的，那对我来说意味着什么？"你找到这个问题的答案后，不要急着找替代性规则，而是接着问问题："那么，假设答案是正确的，对我而言又意味着什么呢？"重复这一过程。一步一步，继续向下，直到你发现其背后的一般性规则，也就是能解释你在该问题情境中所思所感的一般性规则。从确定情境，到发现规则，之间要经过多少步骤并不一定。有时候很快，有时候很慢，当你的规则从未诉诸语言时，尤其如此。

使用"箭头向下法"时，"那对你意味着什么？"只是众多可以使用的问题之一。下面列出了其他一些问题，也可帮助你提炼出背后的规则。

从多个不同出发点推进向下的箭头，不仅有趣，而且很重要。当你首次使用箭头向下的方法来识别规则、并感觉困难时，或者当你觉得自己持不止一个规则（这种情况很常见）时，尝试从不同出发点开始尤其重要。这不仅是发现其他规则的一种方法，同时，这也是验证你方向是否正确的一个方法。也可以试着问不同问题，答案可能会有所启发。

你在做"箭头向下"时，如果追问几个问题之后，就感觉开始原地打转，那有可能你已"抵达"自己的规则，不过它是以不易识别的形式出现。停止追问，退后并仔细思考你环环相扣的追问。最后的"原地打转"反映了你什么样的生活规则？一旦有了头绪，得

表 7-3　"箭头向下法"可以使用的问题

- 假设那是正确的,对我而言意味着什么?
- 假设那是正确的,接下来会发生什么?
- 最坏的情况可能是什么?之后会发生什么呢?再之后呢?
- 情况很坏,但是坏在哪里?(注意:"我会感觉糟糕"不是回答该问题的好答案。你很有可能会感觉糟糕,但是感觉糟糕本身,并不能提供任何有关你规则的有用或有趣的信息。因此,如果你脱口而出的答案是有关你自己的感觉,那就问自己为何会感觉糟糕。)
- 对我来说,这何以成为一个问题?
- 这表明了什么?
- 这表明,我认为自己行为应该如何?
- 这表明我对自己有何期望,对他人有何期望?
- 这表明我对自己有什么样的标准?
- 这表明,为了让我自我感觉良好,我应该是怎样的一种人?
- 这表明,为了得到他人的认可、赞同、喜欢或爱,我必须做什么,或者成为什么样的人?
- 这表明,为了人生成功,我必须做什么,或成为什么样的人?

到一个"草拟"的规则后,就开始进行检验。你能想到自己在别的情境下也运用了该规则吗?你在他处的行为符合该规则吗?

尝试另一个类似的出发点。终点在相同的地方吗?花几天观察自己,特别是你的焦虑预测和自我批评想法。你草拟的规则能解释你的日常行为吗?如果可以,那你就需要寻找一个更有益的替代性规则。如果不可以,那什么规则可以更好解释你观察到的行为?不要泄气,再试一次。

刚开始你可能会发现，你对自己的规则有个大概的印象，但是对当前表述却感觉不太对。建议你推敲词句，直到找到一个版本，让你觉得"就是它了"。尝试以前文所述的三种不同形式写出规则：假设、迫使以及价值判断。当你找到正确的措辞时，你会有恍然大悟之感——"啊！终于找到你了。"

评估你生活规则的影响

规则不像焦虑预测或自我批评想法。规则不是在特定的时间、特定的情境才出现在你脑子里，它们的影响更广泛、更一般，它们可能随时随地影响你的所思所感以及行为。前面我们已经说过，你很可能在很小的时候就习得了这些规则。

一旦你识别出一个无益的规则，就有必要思考该规则对你生活的影响。在你开始改变自己的规则时，你不仅需要制定更现实、更有益的替代性生活规则，同时还要逐渐消除旧规则对你日常生活的影响。

认识旧规则的影响有助于你达成这一目标。实际上，你已经从处理焦虑预测、自我批评想法以及提高自尊的工作中获得了大量所需的信息。

现在，以审视你的生活为出发点。你的规则影响了你生活的哪些方面？比如，人际关系？工作？学习？你如何打发休闲时间？你能照料好自己吗？事情进展不顺时，你的反应是什么？面对机会和挑战，你的反应是什么？你善于表达自己的感觉吗？你能确保自己需求得到满足吗？你如何确定自己在遵循规则？线索是什么？是特殊的情绪、身体感觉，还是思绪？正在做的事情（还是未能做的事情）？别人对你的反应？

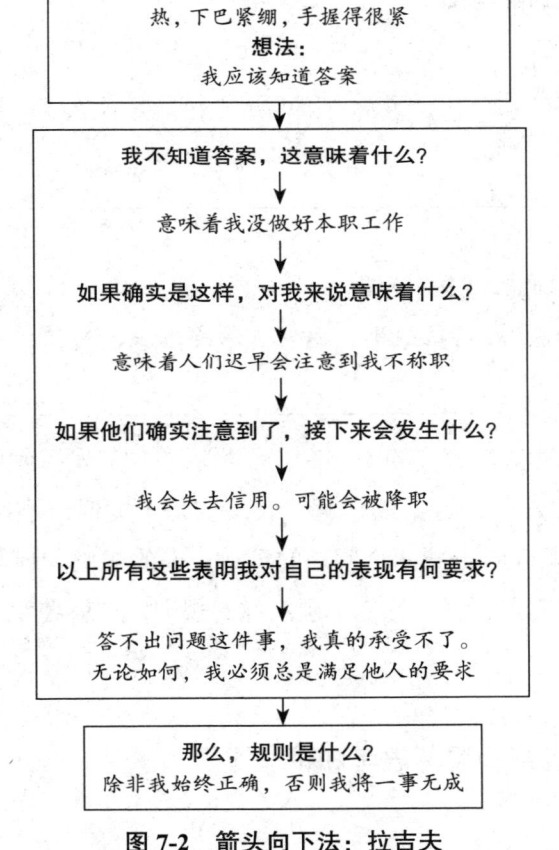

```
┌─────────────────────────────────┐
│          情境：                 │
│ 在一次会议中，被问到一个答不上来的问题 │
│          情绪：                 │
│        焦虑、局促、窘迫          │
│         身体状态：              │
│     热，下巴紧绷，手握得很紧     │
│          想法：                 │
│        我应该知道答案           │
└─────────────────────────────────┘
                │
                ▼
┌─────────────────────────────────────┐
│  我不知道答案，这意味着什么？        │
│              ▼                      │
│    意味着我没做好本职工作           │
│                                     │
│  如果确实是这样，对我来说意味着什么？│
│              ▼                      │
│   意味着人们迟早会注意到我不称职    │
│                                     │
│  如果他们确实注意到了，接下来会发生什么？│
│              ▼                      │
│    我会失去信用。可能会被降职       │
│                                     │
│ 以上所有这些表明我对自己的表现有何要求？│
│              ▼                      │
│   答不出问题这件事，我真的承受不了。│
│   无论如何，我必须总是满足他人的要求│
└─────────────────────────────────────┘
                │
                ▼
┌─────────────────────────────────┐
│        那么，规则是什么？        │
│   除非我始终正确，否则我将一事无成│
└─────────────────────────────────┘
```

图 7-2　箭头向下法：拉吉夫

现在，回顾过去，过去你也遵循类似的模式吗？从历史的角度看，该规则对你有何影响？该规则引发了哪些不必要的自保措施和预防措施？你因为该规则错失了什么、浪费了什么机会、失去了什么，或者损害了什么？它对你产生了什么限制？它如何妨碍你无所限制地欣赏自己，让你无法自由地和人轻松相处？它如何影响你快乐的能力？回顾你之前几章做过的工作。该规则能解释你观察到的哪些事情？

巩固你的发现

你现在应该已清楚了解自己的规则可能是什么了。通过书面总结巩固你的发现：

- 我的规则是：
- 该规则对我生活发生的影响：
- 我知道我在运用该规则，因为（注意想法、感觉、身体状况、行为）：

花几天时间观察你的规则在实际生活中如何发挥作用，这有助于增强你对其运行方式的理解。收集实例（类似你已经记录的例子），并微调你对下面两个问题的理解：你的规则如何影响你，你如何辨别正在运行。一旦你识别出你的规则，你就会发现它"无孔不入"。

改变规则：重新思考和试验

你的生活规则可能已持续很久，不可能一夜间就改头换面。然而，你现在不是"白手起家"。你在处理焦虑预测和自我批评想法，在关注自己优点、用尊重和友善的态度对待自己时，已经掌握的核心技术，就是改变规则要用到的技术。现在你已知道自己的规则是什么，那就继续前行，质问规则本身（重新思考），并试验不同的行为方式。第199页总结了一些有用的问题，后文对这些问题作了详细的讨论。

你的目标是找到新的规则，让你对自己采用更现实、更具同理心的标准，帮助你实现人生目标。前面说过，你可能发现了多个无益的规则（比如，你除了需要他人认可之外，还有一点完美主义），这些规则共同维持你的低自尊。如果是这样，那就从你最想改变的规则着手，然后再运用你学到的经验，一一打破其他的规则。相比于从一个规则跳到另一个规则，东一榔头西一棒子，一次只系统处理一个规则会更有用。你可以根据下面的建议，总结你的论辩模式，并总结你检验新规则的计划。

表 7-4　改变规则：有用的问题

- 这个规则从何而来？
- 这个规则为什么不合理？
- 遵守这个规则的收益是什么？
- 损失是什么？
- 什么样的替代性规则会更现实、更有益？
- 我需要做什么来检验我的新规则？我如何在日常生活中实践新规则？

规则从何而来？

这个问题的目的不是让你沉湎于过去，而是让你将自己的规则放到一个大的背景中去考察，进而理解其如何产生、是什么使其经久不衰。这将帮助你退后一步，将规则仅仅看作过时的策略，无需继续遵守。记住下面这些问题：

- 我过去的经验能在多大程度上解释我的规则？
- 过去的经验多大程度上能解释我目前采用的策略？
- 对于我理解自己目前的行为，过去的经验有多大帮助？

你可能已经颇为了解自己的规则从何而来。了解规则的起源可帮助你理解：鉴于你当时能用到的经验、知识，你的规则是你当时最好的选择。这一洞见本身不会带来大的改变，但是可作为你更新规则的第一步。不过，如果你无法想到自己的规则从何而来，也不要绝望。这一信息对于改变规则并非不可或缺。它只是表示，接下来的问题可能对你更有帮助。

如果你知道你的规则的起源，那么总结一下相关的经历。想一想你第一次注意到的线索，也就是提醒你规则正在运行的线索。你的规则是你家庭环境的一部分吗，还是文化的一部分？你的规则是用来应对困境和痛苦环境的吗？该规则是确保你获得儿童期所需亲密和照料的一种方式吗？还是用来应付不友善或捉摸不定的成人？用来应付学校要求？顺利度过青春期？或者为了避免戏弄和嘲笑？

你还需要考虑之后有助于维持该规则的经历。比如，你是否受困于虐待关系之中？是否有人继续像你父母一样，对你诸多苛求和批评？你所处的环境，是否一再强化你的处世之道？比如拉吉夫曾经干过一份工作，老板脾气不好，还吹毛求疵，压力之下，他加倍努力，避免出错。

诚然，你的旧规则在某个时间点确实有其存在的道理，不过现在已经时过境迁，该规则和你还有多大关联？如果你来自基督教国家，那么你很可能有段时间是相信圣诞老人的，这完全合乎情理：你信任的人告诉你有圣诞老人，你在圣诞节早上亲眼见证了其存在。因此，你在圣诞节前夕表现得异常听话，准备好袜子（或枕头套）接收礼物，所有这些行为都完全合理。我小的时候，小孩还会留一杯白兰地酒和百果馅饼给那位老人，留一些胡萝卜给驯鹿。早上，什么都不剩，除了一些饼屑。

但是时光匆匆，你现在人生经历更为丰富，对平安夜发生的事有了不同的理解。作为一个成人，你不太可能仍然相信圣诞老人存在，行为还和小时候一样。如果你仍然准备好袜子，就略显怪异——当然，除非你肯定会有家人在里面装上礼物，或者你在守护自己孩子的圣诞老人梦。

如果你所在文化背景没有圣诞老人传统，那可以想想你小时候相信，但现在有了不同理解的神话或传说。你的个人规则可能也是如此。它们仍然必要或有益吗？或者，你最好采用一个更新的视角？

你的旧规则何以不合理？

要回答这个问题，用到的方法有点像通过评估正反面证据来质问负面想法。无益的生活规则对你提出极端的要求。这个意义上来说，它们脱离实际，拒绝承认经验的丰富与多样。调用你成人的知识，思考**你的**规则何以无法解释世界运行的方式。你的规则提出的要求，是不是超出了对一个不完美的普通人的合理要求范围，或者超出了你对一个尊敬且在意的人的期望？其要求何以过头、夸张、甚至不可能实现？

记住，这是你与小时候的自己签订的合同。你现在还允许一个孩子帮你经营人生吗？为什么不允许？作为成人，你能理解哪些小时候无法领会的事情？考虑到孩子的人生经历有限，他们能理解各个情境的不同吗？能理解适合你的不一定适合我吗？能理解时过境迁，此时此地正确的，彼时彼地未必正确吗？

遵守旧规则的收益是什么？

无论长远看来多么无益，生活规则确实还会带来一些好处。这些收益帮助其"屹然挺立"。

比如拉吉夫，他知道自己的高标准确实激励他在工作上表现优异，因此他受到尊重和赏识，成就了亮眼的职业生涯。他不想失去这些。

弄清楚自己旧规则的收益十分重要，因为你制定的替代性规则需要承继旧规则的优点，摒弃其缺点。否则，理所当然，你可能不愿放弃旧的规则——毕竟，熟识的恶魔强于陌生的恶魔。

列出你规则的收益和优点清单。你从中获得了什么收益？它以什么方式帮助到了你？与此同时，思考一下，如果你放弃它可能会有什么风险。它帮助你避免了什么风险？

要放弃规则时，人们通常会感到不安——灾难即将降临。拉吉夫怀疑如果自己不是完美主义者，他工作表现就会一落千丈。就像他感觉，完美主义是保证他被人认可的唯一途径。类似这样的想法可在之后的阶段通过试验来检验。当务之急是识别保持旧规则不变的收益和恐惧。

你列出规则的所有收益后，仔细审视它们。其中有些可能言过其实。比如，你必须总是把他人放在首位这一规则，可能会让你由衷地助人为乐，让别人觉得你和善可亲。但是存在不利的一面：你自己的需求得不到满足，其结果可能是不断积累怨气和疲惫，因此，最后你的状态不再适合照料他人。

反思之后，拉吉夫意识到，实际上，自己杰出的表现并不能保证他一定受到认可。他有时候会非常好胜和紧张，让人觉得他难以靠近，并认为他自大傲慢。

不要认为你识别出来的收益是理所当然。近距离审视它们，评估现实中你真正能获得多大收益？对于放弃规则的担忧，也同样处理。你怎么知道哪些事实际上会发生？你可以怎么弄清楚？

遵守旧规则的损失是什么？

你已考察了收益，现在应该考察其损失了。基本上，无益的规则让你无法轻松做自己，因为你一直想着"做别人"：做一个更聪明、更苗条、更勤奋、更善于交际的人。考察规则如何限制你抓住机会、夺走你的快乐、让你和他人的关系变味、破坏你的成就感或者妨碍你实现人生目标。你在评估旧规则对你生活的影响，以及在日常生活中观察其运行时收集的一些信息，这里可以用上。

弄清楚旧规则如何影响你获得理想生活的可能性会有所帮助。列出你最看重的事情，以及人生最重要的一些目标。可能的例子包括：有一个满意的职业生涯；开心快乐；和人交往时放松、自信；利用我的才华奉献社会；从每个经历中得到最大收获。然后问自己：该规则有助于达成这些目标吗？它是实现我人生目标的最佳策略吗？还是说，它实际上是"拦路虎"？

将收益和损失列表

将识别出的收益和损失作一总结会有所帮助，可以分两列写下来。左边一列写下收益，以及放弃规则的风险。右侧写下规则造成的损失。权衡两个列表，然后在表的下端写下结论，也就是这一规则对你有多大帮助。如果你确定自己的规则总体是有益的，可以让你达成目标，那就可以停止练习了。相反，如果，你的结论是你的规则无益，妨碍你实现人生目标或者不符合你最重要的价值，那么下一步就是制定承继旧规则优点、摒弃其缺点的替代性规则。

什么样的替代性规则会更现实、更有益？

新规则能让你在日常生活中获得完全不一样体验。新规则能让你轻松自信地应对在旧规则下会引发你焦虑或自我批评的情境。过去可能是"灾难"，现在变为"暂时的不便"。过去似乎是攸关生死的大事，现在变为让人兴奋的挑战和机会。新规则会帮助你追逐那些你人生中最重要的事。

为了帮助你解放思维，想一想你是否会建议别人采用你的旧规则作为处世之道。比如，假设一个外星人来找你征求意见：在你的星球上，怎么才能过上幸福圆满的生活？你会给他什么建议？或者，你希望把自己的旧规则传给子女（如果有）吗？如果不愿意，你更希望他们的规则是什么？

你的工作是找到一个新规则，可以让你尽可能享受旧规则的收益，同时避免其伤害。新规则很可能会比旧规则更灵活、更现实，更能适应环境的变化，可以表述为"有些人，有些时候"。它更多表现为中庸，而不那么极端。因此，其表述为"我想要……""我喜欢……""我宁愿……""可以做……"，而不是"我必须……""我应该……""我应当……"，或者"如果……会很可怕"。你会发现新规则同样以"如果……"开头，但是以不一样的"那么……"结束。比如，拉吉夫把"如果有人批评我，那就意味着我失败了"替换为"如果有人批评我，那可能我确实存在不足之处，也可能并非如此。如果我做了应该受到批评的事，也不表示我就失败了，生而为人，谁能无错？再说这也是一个学习的大好机会，没什么不好的"。

这个例子体现了新规则的典型特征：它们通常比旧规则冗长、复杂。这表明新规则基于成人的心智，在更深的层次理解世界的运行方式，考虑了环境的多样性。然而，有时候将其精髓凝练成一条口号也非常不错，口号就是那些可以印在徽章或 T 恤上的简明且充满智慧的句子。制定新规则后不久，拉吉夫看了一部电影，讲述一个男孩努力取悦他父亲，他认为只有非凡、杰出才能赢得父亲的认同。拉吉夫决定采用这位父亲十分有爱的回应作为自己的口号："你不必为了优秀而优秀。"

刚开始，你可能很难找到让你感觉舒服的替代性规则。一旦你想出一个觉得还不错的新规则，在付诸实践之前，可以首先想象一下：这个规则在现实中将如何运行？回到你做"箭头向下"时作为出发点的那个问题情境，如果在这个情境中，使用新的规则会带来什么改变？想象要尽可能生动：你会出现什么样的想法、感觉和身体状态，你的行为会有什么不一样？最后的结果会有不同，会更好吗？如果答案是肯定的，那么就是时候试验了。如果答案是否定的，那就回头再想。

一旦你想到觉得可行的新规则，就写下来，然后试着实践一两个星期，看看在现实中是否行得通。这个过程实际上就是试验技术：通过直接的经历，探索新规则的影响，再利用经历强化新规则，如果需要的话，还可以做出修改。

也建议你花点时间与他人交谈或观察其他人，你觉得他们的规则是什么？你的观察可让你发现他人多样的立场，并弄清楚什么立场可能对你最有效。

你需要做什么来检验你的新规则？你如何将其付诸日常实践？（试验）

你的旧规则可能已运行了相当长的一段时间。相反，新规则才刚出炉，可能还需花点时间适应。你做什么能巩固新规则？如何检验它的有效程度？如何在日常生活中将新规则付诸实践？这和你之前做过的所有工作有密切联系，其核心思想是：试验并检验结果，亲自认识新规则。为了强化新规则（包括弄清楚是否需要对新规则做进一步调整），重中之重是行为严格遵守新规则，就像新规则已被证明正确有效那样，并观察结果。具体如何做，下一节会提供一些思路。

巩固所学

书面总结

首先完成书面总结，如果你愿意，可以利用第 177 页的提纲，纸质或电子版都可以。第 210—211 页给出了一个示例（拉吉夫的书面总结）。在你识别对自己无益的规则时，你已经总结了自己的发现；现在你可以总结在改变旧规则时学到的东西。

如同你的正面品质和优点列表一样，书面总结本身还不够。你采取的论辩模式以及制定的新规则，需要成为你日常意识的一部分，这样它们才最有可能影响你的所思所感，影响你在问题情境中的行为。因此，你完成自己的总结后，就把总结放在容易看到的地方，接下来的几周时间，每天认真阅读——建议开始时每天读一次以上。起床后马上就阅读是个不错的选择，可以让你的头脑整天都处于正确的"频道"。另一个不错的时间点是在你睡觉之前，这个时候你可以回顾这一天，思考你做的事让你产生了什么改变。

这里的目标是让新规则变为你心智的一部分，并最终让遵守新规则成为你的第二天性。继续定期阅读你的总结，直到你达到这一状态。

卡片

另一种有助于加速改变的方式是在一张硬质卡片（比如索引卡）上写下你的新规则，所使用的卡片尺寸要够小，方便放在钱包或手提袋里。你也可以把新规则设置为自己的桌面，或者让新规则定期从你手机弹出来。这些都可以提醒你计划采用的新策略。在你安静下来时，或者进入问题情境之前，将卡片拿出来，认真阅读。

处理旧规则

即使你已经制定了很不错的替代性规则,并开始将其付诸实践,你的旧规则仍会"死而不僵",在日常情境中复活片刻。毕竟,旧规则已存在很长时间,不可能你一把它暴露于阳光下,它就悄然溜走。如果你对此有所准备,那么当旧规则探出头来时,你就能冷静地处理,而不是气馁,并怀疑自己永远要被它纠缠了。现在,处理焦虑预测和自我批评想法时做的工作就能派上用场了。记住,这些都是旧规则即将被打破或已经被打破的信号。继续使用你学过的核心技术:质问你的想法,找出替代想法,试验不同的行为方式。随着时间推移,你会发现自己需要这样做的频率越来越低。

试验新规则

旧规则抬头时要进行处理,同样,你需要制定一个清晰的行动计划来帮助你试验新规则,并观察其结果。试试"如果……"或"除非……"成真以后,"那么……"或"否则……"是否发生。如果你回顾前面几章,你会发现,你在下面这些环节,实际上已经做过同样的工作了:"检验焦虑想法""对自己更好以克服自我批评""像关注你的优点""像肯定自己的成就""像对待好朋友一样对待自己"。考察你做过的事,看看其中哪些可以用来改变规则。你可以把它们放入行动计划中。

此外,你还可以问自己:我还可以做什么来确保自己的新规则对自己有帮助,并探索日常生活中遵守新规则所产生的影响。这意味着,拓宽你的边界,并发现以下事实:即使你不够完美,即使有些人不喜欢你、不认同你,即使有时你把自己放在首位,即使你有时彻底失控,你仍可以自我感觉良好。

计划一定要具体，也就是，具体到某件事情时，应该做出什么具体的改变？而不是制定一些泛泛而谈的策略。比如，不要只是"要更加坚定自信"，还要具体为"需要帮助时，就寻求帮助""当我不同意某人时，说不""当满足他人请求对我来说代价高昂时，就拒绝请求""和好友在一起时，坦诚自己的想法和感觉"。然后，思考如何在生活中实现这些改变。例如，你可以使用每日活动记录表，规划具体时间、具体人物、具体情境中你该怎样做。

你还需要知道如何评估试验的结果，这很像你在检验焦虑预测时学到的内容。你究竟需要搜寻什么？哪些迹象可以表明你新的规则发挥了作用？哪些迹象可以表明你的新规则没发挥作用么？如果新规则正在（或没在）发挥作用，你会在自己身上观察到什么（你的感觉、你的身体状态、行为的改变）？其他人的反应呢？这就像针对你的某个具体焦虑想法，将你的预测具体化，明确如何确定这些预测是否正确，在试验并强化你新的生活规则时，你也需要具体化。

刚开始，遵守新规则可能会让你感到不舒服。在实施试验之前，你很可能会感到非常忧虑。如果是这样，弄清楚你的预测是什么，并利用试验来检验它（记住摒弃不必要的预防措施，否则你将无法获得所需的信息）。同样地，在你实施试验之后，即使其进展顺利，你可能还是会感到内疚或担忧。例如，当你试着减少自我牺牲，不再追求百分之百完美时，就可能会体验到类似情绪。或者如果你计划实施一项试验，但是却临阵退缩，你可能会生自己的气，出现自我批评想法。还是那句话，如果你体验到这种不舒服感觉，就使用你已经学过的核心技术找寻其背后的想法，并作出应答。

做好准备

你的新规则要完全取代旧规则，可能需要几个月时间。新规则

表 7-5 试验新规则工作表

日期/时间	情 境	我做了什么	结 果

对你有用，能把你带向有益有趣的方向，因此不要放弃。建议定期总结你的进步，设定目标。你上周或上个月达成了什么目标？你下周希望达到什么目标？下个月呢？

持续书面记录你的试验及结果，还有一路以来你处理过的无益的想法，可帮助你看清进度。可以使用纸笔记录，也可以在电子设备上记录，你觉得什么舒服就用什么。第209页给出的"试验新规则"工作表，可帮助你系统地完成这一工作，附录附有该工作表的副本。你可以回顾自己做了什么，并借此鼓励自己。和一个朋友合作也会大有帮助，理想的情况是，你和朋友的旧规则完全没有重叠。三个臭皮匠胜过一个诸葛亮，但如果三个臭皮匠拥有相同的视角，就不一定了。

表7-6　改变规则：书面总结——拉吉夫

- 我的旧规则是：

    除非我凡事正确，否则我将一事无成。

- 该规则对我生活有如下影响：

    我总是觉得自己有所不足，觉得自己不够好，于是我工作极为努力，压力很大，一直紧张且心力交瘁。这影响了我与他人的关系。我没有多少时间和人相处，因此失去很多。有时候这让我感觉十分糟糕。

    有时候，我还会逃避机会，因为我认为自己不可能成功抓住机会。

- 我知道我的规则发挥了作用，因为：

    我担心失败而变得焦虑，压力越来越大。我做事精益求精，一丝不苟。我因焦虑感到不舒服。并且，如果我觉得自己打破了规则，就会激烈批评自己，变得抑郁，并彻底放弃。

- 我发展出该规则可以理解，因为：

    小时候，我父亲对自己的人生遭遇感到失望，他因此变得十分尖刻，要求我们都要做到最好的自己。他不鼓励、表扬我们，而是传达给我们如下信息：如果我们的表现不符合他的期望，我们就是不够好。这一信息深植于我们的意识之中，并且，我试图做一个完美主义者来弥补。

- 然而，该规则是不合理的，因为：

    很简单，人不可能任何时候都完美无瑕。犯错以及做错事情都是学习和成长的一部分。

- 遵守规则的收益是：

    有时候，我活干得确实漂亮，并因此受到表扬。这也是我职业生涯如此出色的一个原因。人们尊重我。当我确实表现不错时，我感觉很棒。

- 但损失是：

    我总是很紧张。有时候我的表现不如预期，因为状态很糟。我不能从错误中学习，因为错误让我无比沮丧，我也不能从建设性的批评中学习。事情未能成功时，我感觉非常糟糕，而且要花很长时间才能走出来。我回避任何没有十足把握的事情，因此错过了无数机会。人们可能尊重我，但是对我都唯恐避之不及。他们觉得我稍有点缺少"人味"，不好接近，甚至觉得我自大。我给自己施加的压力对我的健康不利。此外，我所有的时间和精力都放在工作上，我不允许自己放松或做开心的事。简而言之，该规则让我在各个方面都紧张、可悲、恐惧。

- 更现实、更有益的规则可以是：

    表现足够好就够了，我不必为了优秀而优秀。我乐于表现优异——这没什么错。但是，我是人，我有时候也会出错。出错是成长的必经之路。

- 为了检验新规则，我需要：

    - 坚持读这份总结
    - 把新规则写在一张卡片上，并且存进我的手机，每天读几遍
    - 减少工作时间，安排些开心的事以及社交活动
    - 为自己留出更多时间
    - 修改我的标准，并对自己稍欠完美的表现给予肯定
    - 试验"出错"，并观察其结果。比如，被他人提问时练习说"我不知道"
    - 提前计划一天的活动，并且活动不要排太满
    - 关注自己的成就，而不是失败。明天又是新的一天
    - 记住：批评可以是有用的——批评并不表示我是一个彻底的失败者
    - 留心紧张的迹象——它们表示我又回到自己老路上了
    - 当旧模式出现时，采用我掌握的处理焦虑预测和自我批评的方法进行处理

本 章 总 结

1. 当你自尊偏低时,无益的生活规则会妨碍你实现人生目标,让你无法接受真实的自己。

2. 规则是通过经验和观察习得的。它们是我们所处文化的一部分,通常通过我们的家庭传递。

3. 许多规则是有益的,但是,与低自尊相联系的规则十分刻板、严苛且极端,限制活动自由,让改变和成长难以实现。

4. 我们的核心论断是看似正确的"事实",而规则是为了防止核心论断被激活。但是规则不会改变这些"事实"。相反,它们在维持其存在。

5. 利用前面学过的核心技术,你可以找出无益的规则,建立新的、更现实、给你更多自由的规则,然后在日常生活中通过试验来彻底检验新规则。

第8章
建立新的核心论断

引 言

现在,你已为处理核心论断打下了基础,核心论断即你的负面自我信念,是低自尊的核心。现在,你可以利用前面所做的全部工作,处理问题的核心。第2章描述了这些信念的发展轨迹。它们是你——很可能还是小孩时,基于经验得出的合理结论,是观点而非事实。核心论断一旦建立起来,就借由知觉偏向和解释偏向维持,帮你应付这个世界的生活规则(认定自己核心论断是真实的情况下)也能维持核心论断,因为生活规则只是掩盖住你的不安全感,实际上核心论断仍然"屹立不摇"。第3章则描述了在个人规则可能或已经被打破的情境之中,核心论断被激活,进而形成一个由焦虑预测和自我批评想法构成的恶性循环。

第4章到第7章依次讨论了维持低自尊的关键因素。你学习了如何检验焦虑预测;如何对自我批评想法做出应答;如何关注你的优点;如何友善体贴地对待自己;如何允许自己尽情享受生命。你制定了新的更现实、更有益的生活规则,并且开始将它们付诸实践。

你可能已经发现,在完成前面几章的工作后,核心论断对日常生活的影响已经变小,你的自我信念也已经发生了改变。即使你还没有直接挑战你陈旧的负面核心论断，它可能已不如以前那么具有说服力了。

有些人的情况是，一旦他们打破维持低自尊的恶性循环，开始按照更现实的生活规则应对生活，他们的低自尊问题就基本上解决了。还有一些人的情况是，日常生活中某些思维和行为的改变很难动摇根深蒂固的负面自我信念。不论你现在是哪种情况，本章都会帮你巩固已经学到的内容，并教你利用已经非常熟悉的核心技术（觉知、重新思考和试验）来对付核心论断。

可能很多年以来，你一直认定核心论断反映了真实的自己。现在是时候刷新观念了。利用前面已经做过的工作，建立一个更能欣赏自己、更友善的全新自我信念。你只需要最后几个步骤，就能完成自我接纳的旅程。这些步骤是：

- 识别你陈旧的负面核心论断
- 形成一个新的、更正面的核心论断
- 总结那些支持陈旧核心论断的证据，寻找其他理解方式
- 寻找反面证据，也就是支持新核心论断，不支持陈旧核心论断的证据
- 设计试验，巩固并强化你的新核心论断

识别核心论断（觉知）

跟随本书的指引至此，你可能已相当了解自己的核心论断了。本节会讨论一些信息源，帮你清楚识别自己的核心论断（其总结见第218页）。有效的方式是依次考虑每个信息源。每个信息源都能从略有不同的角度帮助你识别核心论断，因此，你对自己核心论断的

认识会越来越清晰。

即使你已十分确定自己的核心论断，阅读本节仍可让你证实自己的直觉、微调你对核心论断的表述，甚至带出其他隐藏很深的负面自我信念。你的核心论断很可能不止一条（比如林，她不仅认为自己不重要，还认为自己低人一等）。如果是这样，就用处理生活规则的方式处理核心论断。选择你认为最重要的那条核心论断，也就是你最想要改变的核心论断，利用本章的方法系统处理它。然后，如果你愿意，就用学到的方法改变其他负面自我信念（甚至是改变你对他人、对人生，甚至对整个世界抱持的无益的负面信念）。

在考察每个信息源时，写下你脑中出现的任何有关核心论断的想法。当你感觉已有清晰认识时，就作个总结（"我的核心论断是：我……"）。按照你的相信程度，利用下面的量表给核心论断打个分数（0%—100%），打分方法与焦虑和自我批评想法部分一样，100指你仍然完全相信该核心论断，50指将信将疑，5则指你几乎不相信，以此类推。

我的核心论断是：

我对该核心论断的相信程度是：

_____
0%   100%

你可能注意到了，你对自己核心论断的相信程度因时而异。如果你拥有相对健康的自尊，那可能只在特别具有挑战性的情境中，你才相信自己的核心论断。如果是这样，那就评出两个分数：当你最相信该核心论断时，你的相信程度；以及当你最不相信它时，你的相信程度。另一种情况则是，你的核心论断几乎始终存在，你几

乎始终相信。如果是这样，你就只需要评一个分数，或者即使有两个分数，相差也较小。

你可能还会发现，自从开始解决低自尊问题，你对你的核心论断的相信程度已经发生了改变。如果你系统地使用了前面几章的方法，那么相信程度的改变可能尤为明显。如果是这样，就写下你在接触本书之前对自己核心论断的相信程度，以及你目前的相信程度。同时，还可思考一下，是什么导致了这样的改变：是学会了直面恐惧，并发现最坏的情况没有发生？是学会了脱离自我批评思维？还是努力关注自己的强项和优点，开始觉得自己有权享受生命，觉得自己值得被善待？还是制定了新的生活规则并付诸实践？还是以上若干条的共同作用？如果你能辨别什么有效，就知道接下来还需要继续做什么。

你打完分之后，花一点时间，关注你的核心论断，看看出现了什么感觉，做法和识别焦虑和自我批评想法时，体察自己感觉的做法一样。写下你体验到的任何情绪和身体感觉（如悲伤、生气、紧张、双肩如有重负），并根据其强烈程度评分（0—100）。同样，你可能也注意到了，尽管你还是能够想起自己的核心论断，但是你的感觉已经发生了变化。如果核心论断的说服力相比从前有所减弱，那么你产生的痛苦也会随之减弱。

识别核心论断的信息源

第 2 章（27—52 页）已经讨论过，低自尊的来源有很多，不过它们的共同点是：你认为它们能准确衡量你的价值，但事实是这背后的逻辑是有问题的。它们都能质问、重新评估、重新思考，都能用更公允、更友善、更具同理心的方式解读。

对自己过去的了解

这里要用上追究低自尊源头时所做的工作。第 2 章（31—60 页）那些人的故事，有没有引起你共鸣的？你有没有与他们相似的成长经历？即使没有，你回忆童年时光时，能不能记起一些事，以及这些事对你自我信念的影响？

你可以利用这些记忆来弄清楚自己的核心论断，就如同利用早前的记忆识别生活规则一样。思考下列问题：

- 哪些早期经历让你自我感觉不好？你儿童期、青春期或者之后的哪些事件，让你认定自己作为一个人有所欠缺？
- 你第一次出现这种自我感觉是什么时候？当你感觉焦虑、低落或自我感觉不好时，你脑中会想到什么样的画面和记忆。试试看你能否想起某些特别的经历。比如布里奥妮，想到了继父第一次虐待她的情景。你也可以找出自我感觉成形的一个关键事件。另一种可能（林就是这种情况）是，没有单一的重要事件，而是一个始终如一的环境：不友善、不认同、吹毛求疵、缺少关爱，或者让你不能很好地融入其中的氛围。
- 你苛责自己时，听到谁的声音？谁的脸出现在你脑海？这个人（或好几个人）是怎么说你的？
- 当你未能取悦他人或者受到批评时，他人形容你的措辞是什么？他人对你的评价可能已变为你的自我评价。

你焦虑预测中包含的恐惧

回想你处理焦虑预测时做过的工作。你的恐惧，以及为了确保安全而采取的不必要的预防措施，都可能会透露一些核心论断的信息。

表 8-1　识别核心论断：信息源

- 对你自己过去的了解
- 你焦虑预测中包含的恐惧
- 你的自我批评想法
- 让你难以关注自己优点、难以善待自己、难以享受生活的想法
- 想象中打破你旧规则可能带来的后果
- 箭头向下法

- 假设你最担心的事真的发生了：这表明你是一个什么样的人？这会让你成为什么人？比如，凯特感觉找老板要回饭钱（第77页），只会说明她多么小气、贪婪，以及最根本的——她多么不招人喜欢。

- 你不必要的预防措施呢？特别要注意，如果你的焦虑通常和他人会如何看待你有关，你的预防措施很可能是用来隐藏真实的自己。如果是这样，那么"真实的你"是什么样的？如果你不采取措施保护自己，不隐藏自己，那你害怕表现出怎样的自己？例如，汤姆回避挑战，就是为了掩饰（在他看来）"我就是愚蠢"的"事实"。

你的自我批评想法

回想你质问自我批评想法时的情形，这些想法可能直接反映了你的核心论断。

- 你自我批评时，形容自己的措辞是什么？你如何责备自己？找出你描述自己的重复模式和自动反应方式。你的自我批评

想法反映了什么样的负面自我信念？
- 你形容自己的用词，与你小时候他人形容你的用词类似吗？如果相似，那么这些词很可能当时就已深植你心，并且很可能反映了你长久以来的自我信念，而不只是你瞬间的反应。
- 当你做了某件事而引发自我批评时，这件事表明了你为人方面的什么问题？什么样的人会做那样的事情？比如，迈克认为：自己无法控制自己的情绪，表明自己肯定很可悲。

让你难以接受自己优点、难以善待自己、难以享受生活的想法

当你试着列出自己的优点并寻找现实证据时，当你试着肯定自己的成就并善待自己时，你心中可能会冒出怀疑和保留意见，考察这些怀疑和保留意见，它们可能表明：你这些新的尝试与你的核心论断不甚相符。比如，拉吉夫反思后意识到，他不愿肯定自己或者不允许自己放松，反映了"我就是不够好"的自我信念。

想象打破你旧规则可能带来的后果

在"生活规则"部分（第185—187页）中，跟在"如果……"或"除非……"之后的"那么……"或"否则……"里的内容，可能就非常接近你的核心论断（比如"如果我犯错，那么**我就是一个失败者**"）。回顾你已发现的规则，想象一下你觉得打破规则后会造成的后果。

- 如果你打破了自己的生活规则，这体现了你作为一个人的哪些问题？
- 什么样的人会犯错？什么样的人无法赢得每个人的赞同、喜

欢或爱？什么样的人会情绪失控？诸如此类。
- 如果你的规则是"我应该……"，那么紧随其后的"否则……"反映了你作为一个人的哪些问题（比如"我应该总是做具有建设性的事情，否则我就是懒人"）？

箭头向下法

你可以利用"箭头向下"的技术（第 195 页）来识别你的核心论断。步骤和识别生活规则颇为相似，只是问题序列的侧重点不同，其目的是让你关注负面自我信念，而不是你的标准和期望。两者主要的差别是：利用"箭头向下"识别核心论断时，应探究每个层面的质问透露了**关于你**的何种信息，而不是探究你行为应该如何以及你应该做一个什么样的人。

与之前一样，从一个让你自我感觉不好的具体事件开始。尽可能生动地回想，就好像你再次回到当时的情境之中。当时的情形是什么？当时你脑子里的想法或画面是什么？你的情绪和身体感觉是什么？你做了什么？尽可能详细地写下你想到的内容。和寻找生活规则一样，建议你特别关注最为强烈、最能解释你情绪的想法。接下来，先不要寻找替代性想法，而是问自己一系列问题，比如：

- 假设那是正确的，那表明我是怎样的？
- 假设那是正确的，它透露了关于我的什么信息？
- 那意味着我这个人有什么问题？
- 那让我成为什么样的人？
- 那反映了我怎样的自我信念？
- 那表明我是如何看待自己的？

使用一系列不同的问题有助于发现核心论断。你需要寻找的是一个关于自己的普适表述（"我是＿＿＿＿＿＿"），不仅适用于你当下考察的情境，而是更为普遍。不要停留在某一特定时刻特定的自我批评想法上。你的核心论断是你对自己抱持的一种观点，在不同时间不同情境都适用的观点。刚开始，你可以在自我感觉不好的若干不同情境中，证实自己的发现（或者，如果你在寻找核心论断时遇到困难，或者无法清楚表述出来，那就可以再尝试一次）。在第 223 页，你会看到一个用箭头向下法发现核心论断的实例（布里奥妮）。

建立新的核心论断（重新思考）

一旦你识别了自己的核心论断，就需要继续前行，立即建立一个更正面、更现实的替代性核心论断，这甚至可以在彻底想透旧的核心论断并将其瓦解之前就开始。这是因为你一直在用思维偏向和记忆偏向维持低自尊，你很可能已蓄积了一个规模颇为可观的"账户"，里面存放着大量似乎可以支持你核心论断的经验。只要愿意，你可以随时调用"旧核心论断账户"，存入新的经验，取出经验并耽于其中，就像一遍一遍数钱的守财奴。

相反，你很可能根本没有"新核心论断账户"。或者，即使有，该账户几乎也是空空如也，而且难以存取。其中储存的经验在"转账"过程中丢失，并且你总是忘记其账户和密码。这表示你没有安全、可靠且固定的地方来存入"新核心论断"的经验。

建立新的核心论断，相当于开设了一个有利于你自己的账户。为你提供一个地方储存那些有悖于旧有核心论断，以及支持更友善、更具接纳性的新视角的经验。你也有了一个可以安全保存新想法、新经验的地方，当你需要时就可以调用。

上面这个比喻阐释了建立新核心论断的目标：它为你提供一个地方，存放关于你的正面且支持你更多地从欣赏角度看待自己的经验。这就意味着，你并非只是尝试瓦解旧的负面信念（"可能我也并非完全一无是处"），而是主动地设置了一个替代性观点，开始搜寻支持它的信息和经验（"可能，事实上，我很有能力"）。

你前几章做过的工作，除了提供关于你旧有核心论断的信息之外，可能还让你初步了解了自己喜欢的替代性看法可能是什么。你前面做了那么多工作（包括检验焦虑预测、质问自我批评想法、关注优点以及改变规则）之后，你对自己有了什么样更友善的新看法？当你回顾以上所有这些不同的工作，你做出的改变透露了有关你的什么信息？它们与你旧有的负面看法完全一致吗？

特别关注下你日常生活中识别和观察到的品质、优势、资本及技能。它们符合你的旧有核心论断吗？还是它们表明你旧的核心论断需要更新，或者表明它是一个存在偏见且不公允的观点，未考虑你身上的优点、强项及闪光点？什么样的自我信念能够更好地体现你**所有**的发现？什么样的核心论断可以反映以下观念：和所有人一样，你不完美，你身上有弱点和缺点，可同时也拥有强项和优点，所以做自己是完全 **OK** 的？

这里，你应该既做法官又做陪审团，而不仅是原告律师。你的工作是把**所有**证据都呈上法庭，而不是仅仅呈现不利于罪犯的证据。当你的新核心论断有个雏形时，就写下来（可以写在本章结尾 248—249 页的表 8-6 上）。根据你的相信程度为其打分，就像之前给你旧的核心论断打分一样，评分还应该包括：你在不同情况下对新核心论断的相信程度，以及自从你开始改善自己的低自尊以来，你

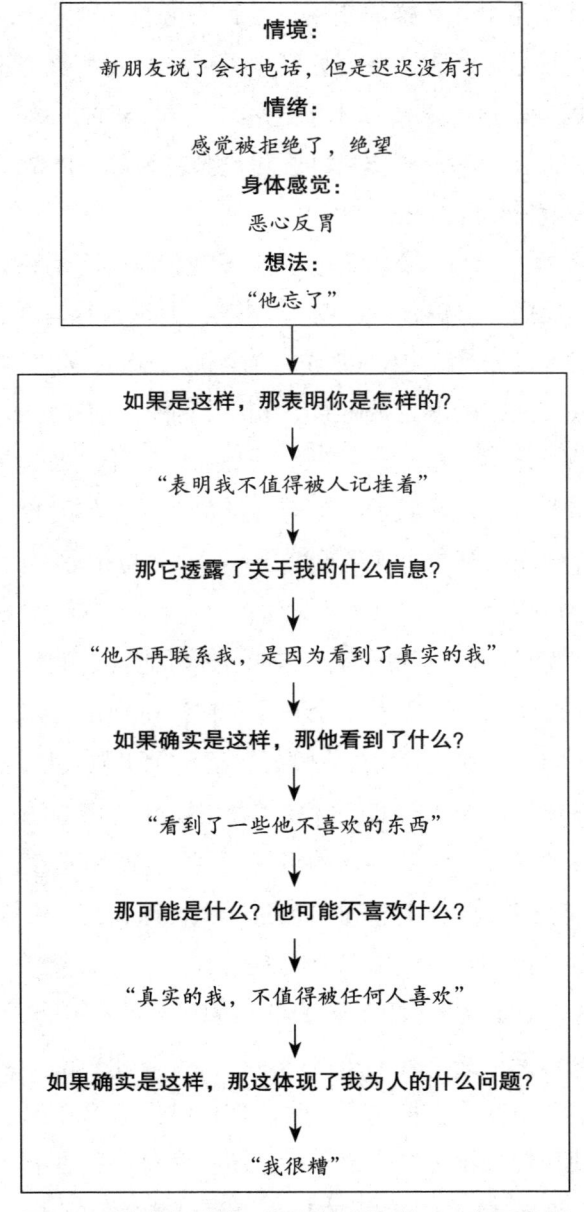

```
┌─────────────────────────────┐
│          情境：              │
│  新朋友说了会打电话，但是迟迟没有打 │
│          情绪：              │
│      感觉被拒绝了，绝望       │
│         身体感觉：           │
│          恶心反胃            │
│          想法：              │
│         "他忘了"             │
└─────────────────────────────┘
              ↓
┌─────────────────────────────────────┐
│   如果是这样，那表明你是怎样的？      │
│              ↓                      │
│      "表明我不值得被人记挂着"         │
│              ↓                      │
│     那它透露了关于我的什么信息？      │
│              ↓                      │
│   "他不再联系我，是因为看到了真实的我" │
│              ↓                      │
│    如果确实是这样，那他看到了什么？   │
│              ↓                      │
│       "看到了一些他不喜欢的东西"      │
│              ↓                      │
│     那可能是什么？他可能不喜欢什么？  │
│              ↓                      │
│     "真实的我，不值得被任何人喜欢"    │
│              ↓                      │
│ 如果确实是这样，那这体现了我为人的什么问题？│
│              ↓                      │
│            "我很糟"                  │
└─────────────────────────────────────┘
```

图 8-1　箭头向下法：识别核心论断——布里奥妮

的相信程度发生了什么样的变化。然后，花一点时间将注意力集中在这个新的核心论断上，注意你产生了何种情绪和身体感觉，并注意其强烈程度。接下来阅读本章过程中，时不时回头看看总结表，观察一下：你在关注那些支持并强化这条新核心论断的证据时，对它的相信程度发生了什么样的变化。

查看第 242—243 页的示例，你会发现新的核心论断有时就是旧核心论断的反面（如伊维、杰克和凯特）。但是，有些例子中，可以说新核心论断"脱轨"了，驶向一个全新的方向，和旧的核心论断几乎不相关（如布里奥妮、亚伦、汤姆、玛丽）。有时候，新核心论断处于这两极之间（如拉吉夫、林、迈克）。这里的关键是，你的新核心论断应是你个人可接受的观点，能最终改变你的自我感觉，让你有机会以全新的视角审视经验，开始注意并重视你的优点和强项。至于新核心论断的措辞如何，要记住：感觉对了，就是对的。

当你回想自己做过的所有工作时，你可能马上就想出一个新的核心论断。但也有可能你的脑子一片空白，特别是当你的低自尊持续了很长时间、你的"自我感觉良好"禁忌无比强大时，尤其如此。如果你是这种情况，别担心，继续本章的工作，你的想法会越来越清晰。第 2 章提过的认知治疗师克里斯汀·帕德斯基曾提出过一个问题："如果你不是这样（你旧的核心论断所描的），那你真的真心希望自己是怎样的？"现在，建议你也问自己这个问题。比如，"如果我不是能力不足，那么我真的真心希望自己是能干的。"如果能给出一个答案，无论这个答案多不确定，甚至对你来说，它目前只是理论上的一个答案，也把它写下来。你可以把这当作起点，开始收集支持新视角的证据（这个例子中，新视角是"我是能干的"），即使你完全不相信这些证据也要收集，因为在继续学习本章的过程中，你可能就会开始相信了。

在这个时候,"自我感觉良好是不对的"的旧想法可能再次浮现,"是的,但是"想法死灰复燃。记住,这里我们谈论的不是一个膨胀的自我形象("我各个方面都极为出色","我在各个方面都一天比一天好")。你的目标并非忘记自己的弱点和缺点,也不是忽视确实要改变或改进的地方,或者假装它们不存在。健康的自尊与正面思考的力量无关,也不鼓励你走向反面,以不切实际的负面视角看待自己。你的目标应该是形成一个平衡的、无偏向的自我信念,将你的弱点和缺点放在一个更广阔、更有利的视野中考察,为"够好"欢呼,而不是苛求"完美",乐于接受真实的自己。所以,不要为"新的核心论断"设限,让你的想象自由驰骋,把你对自己隐藏最深的期望释放出来。

你不可能永远百分之百招人喜欢、百分之百能干、百分之百优秀、百分之百聪明、百分之百魅力四射,诸如此类。你为何要成为人类中绝无仅有的个体,谁能做到这些?你目前为止所做的工作,以及将要做的工作,要求你把自己的缺点和弱点简单地当作你自己的一部分,而不是衡量你价值的基础。你可以泰然处之,也可以改变——由你决定。

为了更清晰地阐明这个问题,让我们以"招人喜欢"为例。想象一条代表招人喜欢程度的线段:

招人喜欢

0%　　　　　　　　　　　　　　　　　　　　　　　　　　　100%

处于线段右端的人百分之百招人喜欢。表面看来,这可能是件好事。处于线段左端的人一点也不招人喜欢。现在,你觉得自己处在线段上哪个位置,就在这个位置放一个"x"。如果你不确定自己招人喜欢的程度，那么你的位置可能偏向左端。现在让我们仔细考察下"百分之百招人喜欢"和"一点也不招人喜欢"到底意味着什么。为了"百分之百招人喜欢"，你需要：

- 任何时候都必须招人喜欢
- 完全招人喜欢（你任一方面都不能不完全招人喜欢）
- 受到每个人的喜欢

这还只是举了几个例子，不言自明，百分之百招人喜欢压根不可能。没人会如此完美。想想你认识的人，再想想两个极端（0% 和 100%）的标准，你会把他们放在线段的哪个位置？继续把两个极端的标准记在心里，你现在会把自己放在线段的哪个位置？当你确定你的新核心论断时，把下面这点记在心里：你不是在寻求不能达到的百分之百，你是在寻求"够好"。

如果要检查你的方向对不对，建议在这个时候回到那个具体的问题情境，也就是使用"箭头向下法"识别核心论断时作为起点的那个情境。你可以再一次生动、巨细靡遗地回想那个情境，问自己：如果当时我已经采用了我新的核心论断，那么结果将如何？事情是否会朝我期望的方向发生变化？如果你的答案是肯定的，那么保留你草拟的核心论断。如果你的答案是否定的，那你可能需要另起炉灶。

如果你现在对自己新核心论断的相信程度还很低，不要担心。如果旧的核心论断已持续相当长时间，那么你需要时间、耐心和练习来让你更加坚定地相信新核心论断。现在，我们继续前行，探讨如何进一步瓦解旧的核心论断、强化你初步识别的新核心论断。你会发现，你已经做过的工作让你处在一个十分有利的位置。

瓦解旧的核心论断（重新思考）

你的负面自我信念是基于经验，是你试图理解自己过去经历的尝试。也就是说，由于你存在思维偏向和记忆偏向，当你回顾过去的生活时，你会发现支持这些负面自我信念的"证据"。要克服低自尊，接下来的一步是检验这些"证据"，并寻找其他解读方式。这一技术与质问自我批评想法的技术类似，你当时学到的东西在这里也会派上用场。然而，其范围却大为扩展：关注点是你一般性的自我信念，而不是一时一地的具体想法。要记住的关键问题是：

- 什么"证据"支持你的旧核心论断？
- 这些"证据"还能怎么理解？

什么"证据"支持你的旧核心论断？

我把"证据"加了引号，是为了暗示，尽管你可能认为有大量经历是支持你的旧有核心论断，有大量迹象表明你的自我信念确实是真的，这些经历可能实际上仍有大为不同的解读方式。如果你靠近了仔细审视，可能会发现：这些经历根本就不能说明你不好。要理解这一点，第一步是识别你用来支持旧核心论断的证据。

花一点时间回想你旧的核心论断，如此强大的观点不可能凭空而来。你想到过去的和现在的什么经历？什么事件似乎支持了旧的核心论断？什么让你认定自己有所不足、不招人喜欢、能力不足或其他符合你核心论断的内容？是什么让你得出那些关于自己的负面结论？

支持性"证据"因人而异。有时候，其中大部分是过去的经历，类似第 2 章那些故事中的关系或经历。更近一些的事件也可能被用作证据来源。下文将讨论一些常见的"证据"来源。你在阅读过程中，应注意有没有"证据"与你的经验契合。

下文的清单未穷尽所有证据来源。你用来支持不良自我信念的"证据"可能不在其中。即便如此，你也可以把这一节的内容当作一个契机，思考自己的"证据"是什么。记住，你很可能使用了不止一个"证据"来源来支持旧的核心论断，一旦发现证据就记下来。你的下一项工作是退后一步，仔细检验这些"证据"。当你仔细审视它们时，它们是否真的支持你的负面自我信念，还是它们可以有不同的理解方式？

表 8-2　支持旧的负面核心论断的"证据"来源

- 目前的困境及痛苦表现
- 未能独自渡过难关
- 过去的错误和失败
- 具体的缺点
- 个人身体或心理特征
- 你和他人的不同之处
- 他人针对你的行为，过去的或现在的
- 你觉得自己对其负有责任的人的行为
- 丢失部分"身份"
- 情绪反应（"我感觉就是这样"）

目前的困境及痛苦表现

比如，布里奥妮一度十分抑郁，总是无精打采，几乎无法振作起来做任何事。布里奥妮把这解读为：自己是一个游手好闲、一无是处的人。换句话说，这又是"我这个人很差劲"的标志，而不是因为一时状态不好而表现出的症状，一旦情绪好转，这些症状自然就会消失。

未能独自渡过难关

迈克的困境即是一例，他不能坦诚地向妻子倾诉并寻求外在的帮助。对他来说，不能独自处理问题就是弱小的标志，他没有意识到：和了解自己的人倾谈，能够解放我们的思维，也没有意识到生活中人人都需要爱的支持，特别是在处境艰难的时候。

过去的错误和失败

是人就难免有弱点，因此人不可能一辈子不做任何让自己后悔的事。我们偶尔也会自私、轻率、易怒、短视或者稍欠真诚。我们都会走捷径、犯错、逃避挑战或者无法达成目标。这些正常的人类弱点，常被低自尊者看作他们具有本质性缺陷的证据。

亚伦就是这样。十几岁时，他常游走在法律边缘。他参与斗殴，打伤别人，而且伤得十分严重。他一再被抓进去，不止一次出现在法庭上。随着年龄渐长，亚伦意识到这种生活有害无益。可是他害怕改变，因为对他来说，这似乎是在这个残酷世界生存下去的唯一方式。尽管如此，他还是鼓起勇气离开了家乡，交了新朋友，找了份自己喜欢的工作，最后结婚有了小孩。尽管做出了这么多积极的改变，他仍然很难自我感觉良好。他的过去纠缠着他。只要回顾过去，他就感觉自己毫无价值。

具体的问题

没人是完美的。我们每个人都有想要改变或改进的缺点和问题。低自尊者可能将这些缺点视为证据，进一步证实自己具有本质性问题，而不是将缺点看作可以解决的具体问题，与他们真实的价值没有关联。比如，汤姆每次遇到读写问题，都觉得这是自己愚蠢的铁证，而不是尚未诊断的某种学习困难症，不能说明他智力低下，只需要接受恰当的帮助,就能克服。

身体特征

低自尊者可能觉得自己太高、太矮、太胖、太瘦、肤色不对、身材不好或体形不好。他们可能利用这些认知来破坏自己的自尊感。伊维就是一个例子,她认定自己的价值倚赖于外貌和体重。如果体重超过她对自己要求的标准,她马上就会觉得自己无比肥胖、丑陋、没有吸引力。其他任何事都无关紧要。她无视自己身上其他任何吸引人的地方——比如,她的时尚感,她享受生活的能力以及她的聪敏。

心理特征

心理特征同样能让低自尊者自我感觉不好。比如杰克,即使长大后,他仍然害怕自己充沛的精力、好奇心和创造性会被看作炫耀。因为担心自己被否定或批评,他尽量保持低调,化作"隐形人",抑制自己表现。他非但没有将自己品质视作天赐,反而视为自己不被接纳的另一证据。

你和他人的不同之处

不论你多有才华,总会有人比你更有才华。不论你拥有多少,总会有人比你拥有更多。低自尊者可能会通过与他人比较,来证实自己的不良自我信念。他们可能拿自己和熟识的人比较,和大众媒体或社交媒体上塑造的形象比较。比如林,她总是拿自己的作品和其他艺术家的作品比较。她总觉得自己的作品是最差的。她不是根据作品的好坏来评断自己,而是选取他人作品的品质作为标的,通过这种负面的比较,来强化自己低人一等的感觉。

他人针对你的行为,过去的或现在的

小时候被恶劣对待的人,可能将这样的经历看作自己缺乏价值的证据,不论这种对待是来自家庭、同学,还是社会。同样,当下的嫌恶、排挤、不认同或虐待也可被用来强化低自尊。比如，布里奥妮受继父母虐待的经历，是她感觉自己不好的主要证据来源。除此之外，还能怎么解释继父母的行为？即使长大后，如果有人对她不好，她第一反应都是，某种意义上，她肯定是"活该"。因此，任何不友善、漠不关心或者意见不一致都变成她本性极坏的又一证据。

你觉得自己对其负有责任的人的行为

低自尊者为人父母后，尤其会面对这样一种陷阱。小孩的生活出了任何差错，他们都会责怪自己，即使小孩早已长大成人并离家很久之后，也是如此。布里奥妮就是这样。当她发现自己青春期的女儿喝太多酒、偶尔在派对上嗑药时，她的第一反应都是：这肯定全是自己的过错，自己是一个糟糕的母亲。她自己本性上的坏泄露了，"污染"了自己的女儿。这一视角让她难以建设性地处理问题，她无法与女儿理性讨论喝酒嗑药的后果，也无法教女儿如何有效地拒绝同侪压力。

丢失部分"身份"

第 7 章（第 175—212 页）曾讨论过，有些人为自己的自尊设定了许多不同的前提。如果这些前提消失，这些人可能就冒出许多负面自我信念。比如拉吉夫，因为公司经营不善，他被裁员。他的工作就是他自尊的前提之一。尽管公司清楚地表明不愿辞退他，他还是认为裁员就是针对自己，是他不够好的一个标志。一直以来，玛丽都非常乐于照顾人，可是当她失去这种能力后，尽管不是她的错，她仍然觉得自己已经一无是处。

这些"证据"还能怎么理解？

支持核心论断的每个"证据"来源都可以有不同的解释，就像特定情境中出现的自我批评想法可有不同的解释一样。一旦你识别出自认为支持旧有核心论断的证据,下一步工作就是仔细检验,评估其支持你习惯性自我信念的真实程度。建议在本章结尾的总结表上写下你的结论。下文总结了一些问题,你可能用得上。这些问题与上文讨论的各种证据来源直接相关。记住你用来处理自我批评想法的问题,同样会有所帮助(第128页)。具体哪些问题对你有效,取决于你用来支持自己旧有核心论断的"证据"的性质。

表 8-3　检验支持你旧有核心论断的证据：有用的问题

- 除了个人缺陷,你目前的困境或痛苦表现还能有什么解读?
- 能够独自处理问题也不错,但是寻求帮助和支持可能会有什么优势?
- 根据你过去的错误和失败评断自己公允吗? 有多公允?
- 基于具体的缺点评断自己公允吗? 有多公允?
- 为自尊设定"我应该做什么,我应该如何"等刻板的前提有何帮助?
- 只是因为有人在某些方面比你强,或者比你拥有的更多,他们就是比你更好的人吗?
- 除了你自身的原因,还有什么可解释他人针对你的行为?
- 你感觉应对某人负责,那你觉得自己对他的行为实际上能有多大影响?

除了个人缺陷,你目前的困境或痛苦表现还能有什么解读?

如果你现在面临困境并饱受痛苦,与其觉得这表明自己本质上有问题,不如仔细审视你目前正在经历什么。有什么事可以解释你现在的感觉? 如果你在意的人遭遇同样的经历,他会有类似的感觉吗? 如果他有类似感觉,你会怎么看待? 你会认定他们肯定也有缺陷、为人差劲诸如此类吗？还是，考虑到他们的处境，你会觉得他们的反应可以理解，从而抱以同情？即使目前没有什么十分明确的事可以解释你的感觉，那可以用你旧的思维习惯（你过去经验的结果）来解释吗？如果是这样，那么，下面的做法可能帮助更大：对自己更宽容、更体谅，鼓励自己为所当为以并寻求任何必要的帮助，而不是用目前的处境给自己当头一击，让事情变得更糟。

能够独自处理问题也不错，但是寻求帮助和支持可能会有什么优势？

和迈克一样，你可能觉得寻求帮助是弱小或有所不足的标志。你应该可以自立。但是，也许，当你真的需要帮助时，能去寻求帮助可能让你更强大，而不是更弱小，因为相比于单打独斗，寻求帮助也许能让你解决更多困难。如果有人遇到困难了，来找你寻求帮助或支持，你的感觉是什么？你会毫不犹豫下结论说他们肯定软弱或可悲吗？自己无法寻求帮助的人往往十分善于给予帮助。他们不会负面地评断他人。相反，能够提供帮助让他们感觉自己有用、被需要，能给予有需要的人温暖。哪怕你给关心你的人一点点机会，他们也会有同样的感觉。

另一种情况是，你可能害怕（像凯特），如果你寻求帮助，你可能会失望而归：对方可能不以为然。他们可能会拒绝，态度轻蔑，或者不能满足你的需要。事实上，他人可能比你想象的更乐于助人，如果有人不那么热心，这更有可能说明他有问题，而不是你有问题。尽管如此，还是建议你找比较有把握的人寻求帮助。检验他人会如何反应的最好方式是试验。事先弄清楚你的预测，然后实施检验——你在第4章已学过这一技术。

根据你过去的错误和失败评断自己公允吗？有多公允？

低自尊者有时候会把他们做的事和他们是谁混为一谈。他们假定坏的行为是坏人的标志，或者，某件事上失败表示更大意义上的失败。如果是这样，世上就没一个人能自我感觉良好了。我们可能后悔自己做过的事（比如亚伦），但是以此为出发点，发展为彻底的自我谴责则不仅无益，而且不对。如果你做了一件好事，这能让你成为一个十足的好人吗？如果你是低自尊者，你不可能这么想。但是当你做错一件事时，你的反应却大不相同，你会想：看吧，我对自己的看法真的无比正确。

你相信自己"十恶不赦"、一无是处、有所不足、百无一用或诸如此类，可能是自我实现的预言，让你很难做出补救，很难从中吸取教训，进而不再犯同样的错误，也让你很难冷静地思考如何做出改进，如何做出最好的选择。如果这样的想法与模式已根深蒂固，对你有何帮助？将你过去的失败理解为"人无完人，孰能无错"或者"吃一堑长一智"，可能更具建设性，能让你更宽容地对待自己——承认"有罪"，但不承认是"罪人"。

这与自我脱责不同。这是理顺关系，避免重蹈覆辙的必要步骤。考虑到你当时的知识状态，你之前做的事可能是你当时唯一可做的事。现在你拥有了不同的视角，因此要善用你更广阔的视野。并且记住：你可能做过坏事或蠢事，但这不表示你是一个坏人或蠢人。

基于具体的缺点评断自己公允吗？有多公允？

只因为你不能坚持己见、总是迟到、不善于利用时间，或者和人说话时总是焦虑，就能说明你作为一个人本质是有问题的吗？没有人是完美的，总有需要改进的地方，这是人的天性。如果你用具体的困难发展或维持低自尊，那么你可能采用了双重标准。对于和你有同样困难的人，你会以同样的方式评断他们吗？如果不是，那就试验以更加友善的方式看待自己。同样地，这有助于你继续前行，而不是陷于自我批评之中。

记住，不论你的缺点是什么，它们仅仅是你的一个侧面（你的优点清单可能已清楚说明了这一点）。"理性情绪疗法"的创始人阿尔伯特·埃利斯曾打了一个比方来说明该问题。想象有一篮水果。篮子里有一个极好的菠萝、一些好的苹果、一两个普通的橘子、一串葡萄——上面还挂着新鲜的果霜，一些不再新鲜的梨子，而压在篮子底部的则是一个香蕉——完全变黑且腐烂了。现在，要问的是：你如何从整体上评价这整篮水果？整体评价是不可能做到的，你只能挨个评价其中的水果。

人也如此，你不能评价整个人，你只能评价他们的各个方面，以及他们做的某件事情。想想亚伦，你能因为他年轻时做过的事，就说他是一个坏人吗？你能因为他之后"洗心革面"了，就说他是一个好人吗？也许，更公允的说法是：他是一个会犯错误的正常人，会做好事，也会做坏事。

为自尊设定"我应该做什么，我应该如何"等刻板的前提有何帮助？

为自尊设定很多前提，而这些前提不受你控制，那么你必然很容易发展出低自尊。你可能一直都清楚自己的自尊建立在自己的什么特征之上（比如你逗乐别人的能力、你的体力，或者你赚得高薪的能力）。也有可能你只有在失去后，才意识到自己是靠什么自我感觉良好（比如玛丽，当她身体变差，不再能像以前那样照顾人）。现在，你需要问自己：**除了**你自认为是安身立命之本的那件事外，你的价值还倚赖于什么。

这里，你的优点清单可能是一个有用的出发点。再查看一遍。你清单上的品质、优势、技能和才华，有多少取决于决定你自尊的那个前提？如果你回答不了这个问题，想一想你认识、喜欢并尊重的人。写下他们吸引你的特质。你想一想你因为什么而尊重这个人，你维持自尊的那个前提在其中扮演了多重要的角色？伊维在重新评估外貌对自己自尊的贡献时，发现这种思路十分有用。她发现自己的许多优点（时尚感、享受生活的能力、聪敏）与自己的体重或身材毫无关系。另一方面，她还发现，"体重和身材才是王道"这一信念能让这些优点"打折"。比如，她纠结于吃还是不吃时，就很难享受生活。

伊维还列出了一个清单，罗列她喜欢和尊重的人，写下了每个人的闪光点。她羡慕有的人身材苗条还健康，但是在她看来，其他品质更为重要，比如幽默感、敏感、体贴以及决断力。相比于这些品质，外貌不值一提。伊维的结论是，她将来会更好地接纳和欣赏自己真实的样子，无论胖瘦，而不是把她的自我感觉建立在一些无关的标准之上。

只是因为有人在某些方面比你强，或者比你拥有的更多，他们就是比你更好的人吗？

有些人在特定领域比你更强（能力、漂亮、物质上的成功、职业发展），这并不会让他们成为比你更好的人。人不可能在各个方面都是最好。并且（除了一些十分具体的比较，比如身高、体重和收入之处）人与人之间是无法合理比较的，就好比火山爆发和豪猪是无法比较的。不论与其他人、与大众媒体或社交媒体塑造的理想形象比较时你位于何处，你的自我价值感只取决于你自己。

除了你自身的原因，还有什么解释他人针对你的行为？

低自尊者常会认定，如果他人恶劣地对待他们，或者对他们做出负面的反应（面对面或者在网络上），那某种意义上，这肯定是自己"活该"。这样，他人可能就会毫无界限地对待你，你很可能会感觉自己无权占用他人的时间和注意、难以表达自己需要、难以结束伤害你并妨碍你自我感觉更好的"有毒"的关系。

把他人对你的看法或者他人针对你的行为，作为衡量你个人价值的标尺毫无道理可言，原因很多，仅举几例：

- 人类的判断并非总是对的。比如，希特勒在1930年代广受尊敬，甚至之后在他祖国依然如此。历史已表明人们错了。
- 某人不喜欢某事并不表示其无价值。比如，如果我不喜欢巧克力冰淇淋，那这就说明它不好吗？
- 如果你的自我信念依赖他人对你的看法，那就难以（即便不是不可能）获得任何稳定的自我感知。如果有人某天喜欢你，就表示你人不错。如果第二天，你们争辩并吵架，你就突然不是好人了。这两者怎么可能同时正确呢？你还是你。同样，如果你和两个人在一起，其中一个喜欢你，另一个不喜欢你，那你就会同时为人不错和为人不好。自我感知依赖他人看法必然会引起混乱。
- 人不可能总是得到每个人的赞同或喜爱。人的品位大不相同。如果你试图取悦所有人，那你将面对相互抵触的需求。即使你能在大多数时候取悦大多数人，你还是不能拥有真正的价值感，因为你随时可能惹恼某人，受到批评，或者遭遇不友善的对待。将良好的自我信念建立在他人的良好评价之上，相当于将你的房子建于流沙之上。

有很多原因可解释人的行为。某人（或某些人）针对你的行为似乎支持了你旧的核心论断，可他（们）这么做的原因可能都有哪些？比如，可能是他们的早期经验决定了他们的行为不得不如此（就像受到虐待或暴力对待的小孩通常也会变成施虐者或施暴者）。也有可能他们的不良行为纯粹因为环境原因（紧张、压力、疾病、恐惧）。

还有可能，你让他们想到了他们处不来的人，不过可能连他们自己都没有意识到这一点。或者你干脆就不是他们的菜。也有可能他们完全不是针对你个人——他们对每个人的态度都是吹毛求疵、尖刻或轻蔑，不仅是针对你。

如果你无法摆脱习惯性的自我责备视角，想不出他人恶劣对待你的其他原因，那么建议你观察一下：你怎么解释针对他人的恶行或不友好。比如，近年来，虐童事件常常成为新闻头条。当这样的新闻见诸报端时，你都是第一时间认为当事儿童活该？还是直接认定是成年施虐者的责任？类似地，如果你读到有关恐吓、迫害、强奸或袭击的事件，你会自动得出结论：受害者肯定也是活该？还是，你会认为加害者才应该对自己所作所为负有责任？你认为战争中的平民受害者是命该如此吗？还是你认为他们是蛮横暴力之下的无辜受害者？以上所有例子，你都下意识觉得"遭受恶行的人本身出了错，因而会发生这样的事——某种意义上看，肯定是他们的错误"吗？还是你以其他更具同理心的方式解释所发生的事？如果是这样，那就试着以类似的方式解释你自己的经历。

你感觉应对某人负责，那你觉得自己对他的行为实际上能有多大影响？

你感觉对某人负有责任，而他出错时，你会自我感觉不好，这其中的逻辑是：你觉得自己对他们有一定影响力，可实际上，你可能没有这样的影响力。举一个小例子，假设你举办了一个晚餐派对，你把家里布置得温馨舒适，你准备了美食美酒，准备了客人喜欢的音乐，邀请了各色人等，你有很好的理由相信他们会相处愉快——但是你仍然不能保证他们每个人都会玩得开心。因为，开不开心全在他们自己。

再举一个更严肃的例子：布里奥妮和她女儿的例子。布里奥妮可以通过许多事表达自己的忧心：向女儿解释哪些事会伤害她，帮助她为自己着想，而不是随大流。但是她不能（除非完全剥夺她女儿的独立性，但是作为一个成人，她女儿需要独立）实施 24 小时监控，并禁止她离家。换句话说，布里奥妮仅能以自己能想到的最关心、最谨慎的方式照顾女儿，但是她终究不能为女儿在其他时间和地点做了什么负责——她真的没那么大影响力。

试着理解以下事实：你对他人的责任是有限度的，应该分清楚你实际上能做的、可影响他们的事，与你无能为力之事。将良好的自我信念建立在"尽责"之上有一定道理。但是，将你的自尊建立在你无法掌控之事则不合情理。

总　结

你识别出自己用来支持旧有核心论断的证据，并找到不同的理解方式之后，建议使用本章结尾的总结表，简短地写下你的发现。然后，再一次基于你的相信程度，为你的旧核心论断和新核心论断打分，并为审视它们时你的感觉打分。你能感觉到变化吗？如果感到了变化，是什么促成了改变？如果不能感到变化，是不是因为你尚未发现另一种令人信服的解读"证据"的方式？还是说，还有更多你尚未考察的"证据"。如果是这样，那就再试一次。

硬币的另一面：什么证据支持新核心论断、不支持旧核心论断？

你已经识别了用于支持旧核心论断的证据，做了评估，并寻找了其他解读或解释方式。那么硬币的另一面是什么？什么证据直接与旧核心论断相悖，而支持新的核心论断？（如果你还没有拟定一个替代性核心论断，那就坚持寻找与你的旧核心论断不一致的证据。）瓦解旧有核心论断的正反两个角度，相当于应答自我批评想法与关注优点，它们互为补充。此外，你处理自我批评所做的工作可能已帮助你重新评估了支持旧核心论断的证据，与此类似，你关注自己优势、技能和品质，以及在日常生活中提高对优点觉知所做的工作，将帮助你寻找支持新核心论断的信息。

收集新的证据有两种主要的方式：观察和行为试验。

1. 观察

第2章探讨了系统的知觉偏向如何维持旧的核心论断。这些偏向让你更容易注意到与核心论断一致的信息，重视它们，同时摒除或者无视与其相悖的信息。在罗列优点清单，并在实践中记录其实例时，你已经尝试过矫正这一偏向。所以，现在你就可以重新查看优点清单和实例记录表，找出那些与你自我批评式核心论断相悖的证据。别忘了，你现在正在阅读本书，这也体现了你莫大的勇气与收集信息的能力。

接下来，你需要积极寻找并记录直接与你的旧核心论断相悖、支持新核心论断的信息。这里也同样建议勤记录、多查看，这会让你更能关注自己的优点，并证实和强化你新的核心论断。

在开始观察之前，弄清楚你到底在寻找什么十分重要，就像你检验焦虑预测时，需要将你的担忧具体化。否则，你就不是在观察，而是在浪费时间做无用功，因而无助于削弱旧核心论断、强化新核心论断。你可能还会错过真正有用的信息。

你需要寻找什么样的信息（或证据）取决于你核心论断的性

质。比如，如果你的旧核心论断是"我不招人喜欢"，而你的新核心论断是"我招人喜欢"，那么你就需要收集你确实招人喜欢的证据（比如，别人朝你笑，人们喜欢和你待在一起，或者有人说和你在一起很舒服）。再比如，你的核心论断是"我能力不足"，而你的新核心论断是"我能干"，那么你需要收集你确实能干的证据（比如按时完成工作，可敏捷地回答问题，或者有效应对工作中出现的危机）。

为了找到你需要的信息，下面给出了两种角度的问题，尽可能列出你能想到的答案：

- 你认为什么证据与你的旧核心论断不一致？
- 对你来说，什么信息或经验是不准确、不公允或无效的？

以及，反之：

- 你认为什么证据与你的新核心论断一致？
- 对你来说，什么信息或经验是准确、公允且有效的？

你清单中的项目一定要极为清晰、具体。如果它们含糊不清、模棱两可，那么，事实上你到底有没有观察到这样的证据，都是个问题。这就是为何前文中的"招人喜欢"和"能干"被分解成小的元素，而不是一个对不同人其含义可能不同的笼统的词。

为了让你有个大概的认识，这里给出了第 2 章中那些人的例子。其中内容是每个人仔细思考下面这个问题后的结果：到底什么可以算作支持我新核心论断的证据？

表 8-4 支持新核心论断的证据：实例

	旧核心论断	新核心论断	要找寻的支持性证据
布里奥妮	我很糟	我有价值	我为他人做的事情；我贡献社会的事情（如慈善、政治活动）；我的优点、日常事例（来自清单）；我的人际关系——人们喜欢我的标志（比如电话、信件、邀请、人们停下来跟我说话）
拉吉夫	我不够好	我这样就不错	人们重视我工作的标志（微笑、赞赏、感谢）——即使我的工作没达到我如何无关无关的优点（比如喜欢和人交往、能欣赏音乐）；与我表现如何无关的标准；我的友谊——表明大家喜欢我这个人本身，与我事情做得多好无关
伊维	我没有吸引力	我有吸引力	我所有与外貌无关的优良品质（来自我的清单——记录的日常事例）；男人对我有兴趣的标志（被邀请外出、包含爱意的目光、被搭讪）；人们温暖的回应（微笑、听我讲笑话都会笑、人们坐在我旁边、似乎很高兴见到我）
杰克	我不受欢迎	我受人欢迎	我勇于做自己、沉浸于自己的幻想、大声说话、打破砂锅问到底、完全放任我的精力时，人们给出的正面反应（人们参与进来、被我的热情激发、想要了解更多、提出问题、想要和我相处）

续表

	旧核心论断	新核心论断	要找寻的支持性证据
亚伦	我毫无价值	我有所归属	任何表明我是某个集体的一分子的事（足球俱乐部、同事邀我出去喝酒、我进屋时孩子跑过来迎接我、妻子给我一个拥抱）
凯特	我不招人喜欢	我招人喜欢	我朋友反对我的感情。我父母实际为我做的事（这是他们表达感情的方式）
林	我低人一等	我不比任何人差	表明我招人喜欢的优点（我的忠诚、体贴、体察他人需求的能力）我的优点（持续记录实例）我人生中"心安理得"的美好（我的房子、我的朋友、我爱的乡村生活、我新养的猫）
汤姆	我很差劲	我心态开放	我抓住机会主动学习以下事实：我表现在正面阅读障碍，并有所行动
迈克	我强大且能干 ↓ 我很可悲	我足够强大和能干	表明我能掌控我生活的日常事例（处理家庭和工作危机；管理家庭财务；做好分内之事）知道自己什么时候需要帮助，并会寻求帮助
玛丽	我友善会体贴 ↓ 我毫无用处	别人喜欢并接受我未来的样子	大家打电话来关心我大家来看我时显然都很高兴我在意的人仍然感激我的支持与关心

2. 行为试验

对于如何计划并实施试验，以检验焦虑预测的有效性、对抗自我批评想法以及检验新的生活规则，你已经很有经验。现在，是时候通过试验来验证新的核心论断，摧毁低自尊这座"监狱"了，你要勇于"越狱"并自由自在地遨游。你可以使用"按照新核心论断行事"工作表（第285页）来记录你做了什么、结果如何。尽管你已经重新思考过自己旧的核心论断，你可能还是会对试验感到不适甚至是害怕。这样的犹疑极为正常。如果你的旧核心论断不是如此强大、"顽固"和具有说服力，你可能早就摆脱其控制了。

当你考虑改变行为方式时，当你因为要进入新的情境感到不安时，甚至当你成功地改变了自己的行为时，你都可能会有些惴惴不安，这时注意你脑子里想的是什么。你可能会发现焦虑预测和自我批评想法潜藏在这些感觉后面。如果是这样，你知道该如何处理。

再一次说明：你需要实施怎样的试验取决于你新核心论断的性质。思考一下，什么经验能证实并强化你看待自己的新视角。你需要做什么来证实这一新视角有用且正确？回忆你处理焦虑预测时，你发现自己会回避的情境，以及你觉得需要采取不必要预防措施的情境。你已经试验过靠近你回避的情境，放弃你的预防措施，如何将这些运用在这里？根据同样的逻辑，你还能实施哪些试验？

同样地，回忆一下，你在学习善待自己以及将奖励和快乐融入生活中时，你身上发生的改变。这与你目前所做的事有何关联？现在你可以做类似的事让你更加相信自己新的核心论断吗？

想一想，抱持你新核心论断的人会如何行事？尽量具体地列出一份清单，尽可能罗列你能想到的所有项目，并涵盖不同生活领域：工作、休闲时间、亲密关系、社交生活、照顾自己。然后，将你的清单"翻译"为具体的试验,并付诸日常实践。下面是一些例子,让你对可能的试验有个直观认识。

总　结

在这个阶段,记录你的观察十分重要,同时也要谨慎评估试验的结果,就像你检验焦虑预测时评估结果一样。仔细记录你注意到的事情、你做了什么以及结果如何,你可以将这些记录在"优点文件夹"里,和你的优点事例放在一起。如果你不记录,你可能会遗忘,未来你怀疑自己时,可能就无法获取这些信息了。

试验过程中,应该持续问自己:这样的结果是否符合我新的核心论断?有多符合?积累新证据的同时,也随时反思自己对新、旧核心论断的相信程度,并注意你当下的感受是什么。你可以使用本章末尾的"总结表"。你越是将自己的新看法付诸实践,它就会越来越强大,当你心态开放,保持好奇心,乐于尝试并学习时,尤其如此。

眼光放长远

建立并强化新核心论断并非朝夕之功。你可能要花上数周(甚至数月)的系统性观察和试验,才能彻底相信新核心论断。你"一辈子"都在积聚支持旧核心论断的证据:收集、储存证据,不断咀嚼反思这些证据,深入思考它们对你的含义。当然,你现在不必花费同样长的时间来积累支持新核心论断的证据(如果是这样,也太让人气馁了)。但是,你也必须做好准备,这个过程费时费力,需要坚持不懈地记录和练习,只有这样,按照新的核心论断思考和行为才能变成你的第二天性。当你达到这一"境界",你就走完了克服低自

表 8-5　建立新的核心论断——行为试验：实例

	新核心论断	试　　验
布里奥妮	我有价值	主动接近我信任的人，而不是等他们联系我 对人更坦诚，一步一步来 有计划地犒劳自己并做些开心的事
拉吉夫	我这样就不错	放弃我的标准——少花点时间准备任务和文件 留些小错误并观察影响 承认自己不懂 练习说"我对此没看法"
伊维	我有吸引力	去游泳，即使我真的感觉自己胖 穿适合我的亮色衣服，而不是躲在暗色老气的衣服里面
杰克	我受人欢迎	停止压抑自己——表达我的感受，并观察他人反应 表达我的看法，而不是等待他人发言 想到什么说什么，而不是什么都排练
亚伦	我有所归属	主动接近别人，承担其"风险" 买栋房子，而不是一直住在租来的房子里
凯特	我招人喜欢	说"不" 表达自己需求，否则我将永远得不到
林	我不比任何人差	表现出"我有权占用别人的时间和注意"的态度 主动寻找作品展出机会，而不是逃避 阅读评论——我不必同意其中言论
汤姆	我心态开放	弥补错过的机会——调查成人教育，并看看有什么帮助阅读障碍者的机构 将我的问题告知他人，而不是装作问题不存在
迈克	我足够强大和能干	重视寻求帮助，即使是在我确实不需要的情况下 我沮丧时，找个人谈论它
玛丽	别人喜欢并接受我本来的样子	继续看望我关心的人。即使我身体上不再强健，我仍然可以是一个好的倾听者，可以提供支持和建议——照这样的原则行事，并观察效果

尊的最后一步，就是接纳了真实的自己，并珍视这样的自己。本书最后一章给出了一些如何达到该境界的思路。

本 章 总 结

1. 克服低自尊的最后一步是识别你旧的、负面的核心论断，并用自己的话表述出来。你可以利用许多不同的信息来源来帮助你完成这一步骤。

2. 然后，你就可以立刻着手，构建一个更友善、更平衡的替代性核心论断。这会帮助你注意到之前被你排除在外或未予重视的信息——那些有悖于你旧有自我信念的信息。

3. 下一步是识别你用来支持旧有核心论断的证据，找到不同方式来理解这些证据，而不是认定它们反映了真实的你（重新思考）。

4. 你最后的工作是，明确什么经验和信息能支持你新的核心论断，并通过观察和试验——假设你新的核心论断正确，你会如何行为，并观察结果，找出这些证据。

表 8-6　核心论断工作表

我的旧核心论断是："我 _____"		
	相信程度（%）	情绪强烈程度（0—100）
旧核心论断最具说服力时：	_____	_____
最不具说服力时：	_____	_____
我开始阅读本书时：	_____	_____
我的新核心论断是："我 _____"		
	相信程度（%）	情绪强烈程度（0—100）
新核心论断最具说服力时：	_____	_____
最不具说服力时：	_____	_____
我开始阅读本书时：	_____	_____

支持旧核心论断的"证据"以及我现在对它的理解

"证据"	新的理解
_____	_____
_____	_____
_____	_____
_____	_____
_____	_____
_____	_____
_____	_____
_____	_____
_____	_____
_____	_____
_____	_____
_____	_____
_____	_____
_____	_____
_____	_____

根据新的理解，我现在对我的旧核心论断的相信程度：_____%

根据新的理解，我现在对我的新核心论断的相信程度：_____%

支持我新核心论断的证据（过去的和现在的）：
_____
_____
_____
_____
_____
_____
_____
_____
_____
_____

根据以上证据，我现在对我的旧核心论断的相信程度：_____%
根据以上证据，我现在对我的新核心论断的相信程度：_____%

观察：为了收集更多支持我新核心论断的证据，我需要留意的信息和经验：
_____
_____
_____
_____
_____
_____
_____
_____
_____
_____

试验：为了收集更多支持我新核心论断的证据，我具体需要做什么：
_____
_____
_____
_____
_____
_____
_____
_____
_____
_____

表 8-7　瓦解你的核心论断：工作表——布里奥妮

我的旧核心论断是："我很糟"		
	相信程度（%）	情绪强烈程度（0—100）
旧核心论断最具说服力时：	70	绝望 75　内疚 60
最不具说服力时：	45	绝望 50　内疚 40
我开始阅读本书时：	100	绝望 100　内疚 100
我的新核心论断是："我有价值"		
	相信程度（%）	情绪强烈程度（0—100）
新核心论断最具说服力时：	50	希望 30　解脱 40
最不具说服力时：	20	希望 10　解脱 10
我开始阅读本书时：	0	希望 0　解脱 0
支持旧核心论断的"证据"以及我现在对它的理解		
"证据"	新的理解	
我父母去世——自责	他们深爱我，如果可以，他们永远都不会离开我。	
我继父母的行为	不是我的错——他们的行为恶毒且残忍，并且毫无来由。没有小孩活该被那样对待。	
我继父的侵犯	他那么做是邪恶的。他自己也知道，因此他会隐瞒此事。他是成人，我是小孩，他绝不应该那样滥用我的信任。那很恶心。	
我的第一次婚姻——丈夫总是嘲笑并批评我，对我产生了伤害。	我现在知道他在其他关系中也是如此。因为之前发生在我身上的事，我难以回击。"我很糟"是一个自我实现的预言。我觉得自己活该。	
人们易怒或不友善，或者冷落我。	偶尔肯定会发生——不能取悦所有人。这不表示我很糟。	
根据新的理解，我现在对我的旧核心论断的相信程度：　30　%		
根据新的理解，我现在对我的新核心论断的相信程度：　75　%		

支持我的新核心论断的证据（过去的和现在的）：
我父母爱我。我自己的回忆、照片及其他旧物都可证实。
我祖母爱我。她未能保护我，但是她让我感觉自己有价值且招人喜欢。
我在学校交了一些朋友，尽管我难以相处而且非常不快乐，因而没有太多朋友（不是我的错）。
即使在第一次婚姻中遭受虐待，我仍保住了一份工作，生了小孩后，能够保护他们免受其父亲伤害。当他开始表现出虐待小孩的迹象时，我鼓起勇气离开了，虽然我从没想过自己竟然能做到。
我找到了爱我、支持我的第二任丈夫。他是一个好男人，尽管我面临许多困难，他仍选择了我，并深爱我。
我努力超越发生在我身上的事，有时候真的很困难，也遭遇过坎坷，这需要勇气和坚持，但最后我做得很不错。
我清单上所有优点。

根据以上证据，我现在对我的旧核心论断的相信程度：___20___%
根据以上证据，我现在对我的新核心论断的相信程度：___85___%

观察： 为了收集更多支持我新核心论断的证据，我需要留意的信息和经验：
我为他人做的事，尤其是我花在小孩身上的时间和对小孩的照顾。我对他们的爱，对我丈夫的爱。我从他们身上获得的快乐。我在照顾他们及帮助他们变为好人过程中表现出的创造性和想象力。
我贡献社会的事（我的慈善工作，我的政治活动）。
我的优点，以及其在日常生活中的体现。
我的人际关系——大家爱我的标志，比如电话、信件、邀请、人们停下来和我说话以及邀我加入等等。
我的聪敏——最后，我开始认为自己"孺子可教"，并为此采取了一些具体行动。

试验： 为了收集更多支持我新核心论断的证据，我具体需要做什么：
试着主动接近我信任的人，而不是等他们联系我。
对人更坦诚，一步一步来——看看他们是否真的会避开。
有计划地犒劳自己并做些开心的事——我值得拥有。
抽出时间学习。开始为适当的课程存钱。
赋予家里其他人更多责任，使家庭良好运转。
找一份更好的工作，一份真的需要我贡献才能的工作。

第9章
制订未来的计划

引 言

在使用本书的过程中，你处理了各种维持低自尊的思维习惯，形成了新的生活规则和新的核心论断，思考了如何将它们付诸实践，融入日常行为之中。本章会把前几章介绍的克服低自尊的实践理念和第2章（第28页）中的流程图联系起来：理解低自尊是克服低自尊的起点，而你之前所做的正是基于这样的理解。之后，我们会进一步讨论，如何巩固并保持你身上发生的改变，而不是在你合上本书后，就把它们丢到身后。如果你感觉本书的观点有趣且"对症"，但是实践起来还有困难，需要一些帮助，本章最后提供了一些建议，教你如何寻求外在帮助。

克服低自尊：各个环节如何相辅相成？

在第254—255页，你会看到解释低自尊如何发展和持续的流程图。有了前几章的基础，你应该已颇为熟悉。但是，除了描述低自尊如何发展和持续之外，你还会看到瓦解你旧核心论断、建立并强化新核心论断的不同方法，被归入不同的标题之下。由此，你可以清楚地看到，你做出的改变可以如何结合在一起，成为一个克服低自尊的整体计划。流程图阐明了如何从认知行为视角理解低自尊，也就是强调思维和信念对日常感受和日常行为的影响，这一核心思路体现在你一路走来的每个步骤中。

制订未来的计划

本章提到的一些工作，你可能都做得极为成功，包括处理焦虑预测和自我批评想法、关注你的优点、肯定自己的成就、让自己享受放松和快乐、建立新的生活规则以及更具接纳性、更宽容的核心论断并付诸实践。然而，除非你把学到的东西付诸日常实践，否则，现在好像显而易见的洞察，过段时间可能就会变得模糊不清，难以运用，而你刚刚学会的善待自己的方式也会慢慢消逝。

前面说过，旧习惯难以改变。尤其是在你紧张、压力大、情绪低落、感觉不适、疲倦或状态不佳时，你的旧核心论断可能再次出来作祟。你旧的思维模式和行为模式可能也随之而来。然后，你绝不妥协的苛刻自我标准也会冒出来，还会出现一系列反应：预期最坏的情况、将积极面排除在外、只关注消极面、批评自己、忘了要享受放松与快乐、忘了肯定自己成就以及善待自己。

你无需担心，因为你长期的思维习惯很可能永远不会从你大脑的"硬盘"中删除，只要条件合适，它们就会再次冒出头。不过，现在情况已经不一样了，你已经知道如何打破维持低自尊的恶性循环，你已建立并实践了新的生活规则和新的核心论断。所以，你不再是别无选择，只有一个不友善的、痛苦的自我信念，你有了别的选择。你只需要再一次系统地利用已掌握的知识，并付诸实践，之后就会回归正轨。

瓦解处于低自尊核心的负面信念:

(早期)经历
哪些经历(事件、关系、生活条件)助长了你负面自我信念的发展?
哪些经历有助于维持你的负面自我信念?
这些经历是支持你不良自我信念的"证据"吗?

核心论断
基于经验,你得到关于自己的何种结论?
你旧的负面自我信念是什么?
什么样的自我信念更合乎情理?
你的新核心论断是什么?
你用哪些"证据"支持你的旧核心论断?
你还可以如何理解这些"证据"?
哪些经验(证据)支持你的新核心论断且有悖于你的旧核心论断?
你需要留意哪些新信息(之前被你排除/未予重视的事情)?
你需要实施什么试验?

改变无益的规则:

生活规则
你的生活规则是什么?从哪些方面看,它们不合情理且没有帮助?
什么替代性规则会更合理、更有益?
将它们付诸实践

打破恶性循环:

触发情境
在哪些情境中,你可能打破生活规则?
或者感觉自己已经打破了规则?

激活核心论断

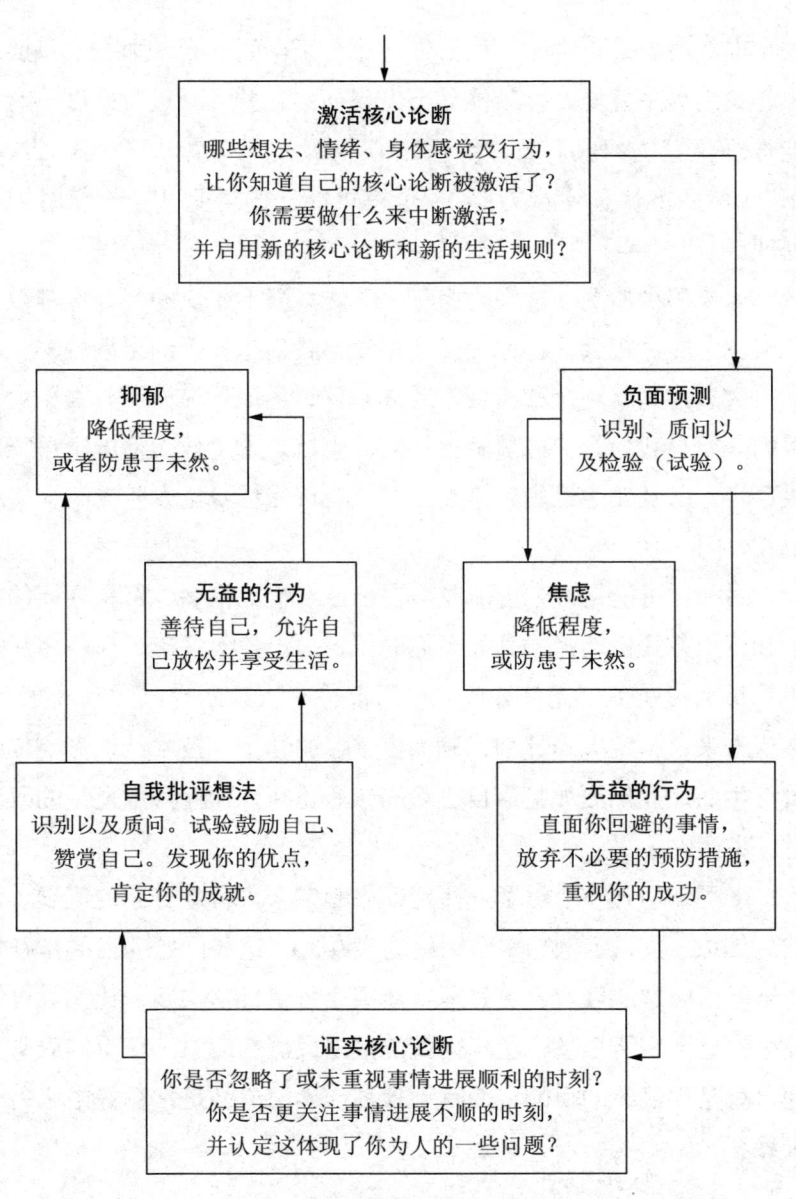

哪些想法、情绪、身体感觉及行为，让你知道自己的核心论断被激活了？你需要做什么来中断激活，并启用新的核心论断和新的生活规则？

抑郁

降低程度，或者防患于未然。

负面预测

识别、质问以及检验（试验）。

无益的行为

善待自己，允许自己放松并享受生活。

焦虑

降低程度，或防患于未然。

自我批评想法

识别以及质问。试验鼓励自己、赞赏自己。发现你的优点，肯定你的成就。

无益的行为

直面你回避的事情，放弃不必要的预防措施，重视你的成功。

证实核心论断

你是否忽略了或未重视事情进展顺利的时刻？你是否更关注事情进展不顺的时刻，并认定这体现了你为人的一些问题？

图 9-1　克服低自尊：版图

出现退步是正常的，如果你对此有正确的认识，那么一旦旧的核心论断死灰复燃，你就能马上发现征兆，并立刻进行处理。有可能你马上就能将其打回"冷宫"（仅仅只是说一句"啊，我又这样了"，然后就快速变换方向）。也有可能，你需要多花一点时间来处理。

无论哪种情况，这样的经验（即使是很不愉快的经验）都很有意义。它提供机会，让你更好地觉知自我信念失衡的早期征兆，让你再次意识到新观念和新技术对你有效，还能让你微调并强化更友善的全新自我信念。提前做出计划，也就是思考什么情况下可能发生退步，以及发生退步后怎么应对，将确保你身上发生的改变持续更长时间。

另一种可能是，你可能觉得自己已经学到很多，但是你新的思考和行为方式仍然脆弱。如果你的低自尊已持续多年，对你生活产生了重大影响，则尤其如此。你可以再一次总结自己学到的东西，展望未来，制定巩固计划，确保你掌握的知识、技术持续影响你的日常生活，让你更加坚信自己新的核心论断，让你身上发生的改变进一步深化。

接下来的几节给出了一些帮助你制定未来行动计划的问题（总结见第263页，示例见本章末尾的表9-3）。这些问题的目的是帮你总结所学内容的要点，更好地将新观念付诸日常实践，让你对可能发生的退步有所准备，这样你就能做出最好的应对。获得健康坚实的自尊是你最终的目的，而行动计划与学习总结是你行囊中必备的工具。

制订严密行动计划的步骤

初　稿

写下你对这些问题的答案，你在思考这些问题时，如果想到什么好点子，也记下来。这便是你行动计划的初稿。完成初稿后，仔细检查，看看有没有遗漏什么重要的事项。回顾本书以及你所有的记录，回顾你做过的所有工作。当你觉得这份行动计划是目前所能制定的最佳计划后，就实行两三周。

务必将这份行动计划放在随时可看到的地方，无论是纸质还是电子版都可以，经常想想计划内容，牢记在心里，这样才能有效利用任何有益的经验。你可以使用一些简单的线索帮助自己记忆，例如，将便利贴贴在容易看到的地方（比如贴在冰箱或梳妆镜上），或者在手机或电脑上的设置提醒等。

二　稿

初稿付诸实践两三周后，你应该能大致了解其优缺点。接下来建议你对它进行总结和进一步完善。你可能发现自己遗漏了一些关键问题，或者发生了一些意想不到的事，又或者有些地方你草拟初稿时觉得很清晰很有用的，可是实行之后，或者过段时间再回过头去看，又发现不如想象的那么有用。

你觉得有哪些地方需要修改，就一一做出修改，然后写下修改后的版本，该版本需接受更久的检验。至于这一版行动计划要实行多长时间，三个月？还是六个月？都由你自行决定。不过，时间一定要够长，你要弄清楚：从长远来看，这份计划的帮助有多大。你还需要搞清楚自己新核心论断的确立程度，以及它能否持续影响你在日常生活中的自我感觉。你同样需要了解，当遭遇起伏、退步以及旧的核心论断死灰复燃时，该行动计划能有多大效用。所以，建议你事先确定什么时候你会再次总结并做出修改。可以在你电脑或手机中设置提醒。

终　稿

长时间实践之后，你需要再一次彻底审视修改后的行动计划。它对你有多大帮助？它能不能让你始终走在正确的方向上？它能让你持续成长和发展吗？它确实让你一直朝着最终目标——健康的自尊——前行吗？它能确保你一直使用最好的方式处理退步吗？

如果各方面都不错，那么你的二稿就可以作为终稿。相反，如果你的行动计划仍有不足，那就做出必要的修改，然后再次检验新版本的计划，检验多长时间由你决定，但不要无限期检验。之后再进行总结。

需要注意的是，除非你是超人，拥有预言未来的能力，否则你的行动计划绝不可能面面俱到。即使你确定下来的终稿，也仍然是一份"草稿"，而不是刻在石板里的最终真理。不论其多么适用，不论其多么有效，只要你意识到：它仍有扩充、打磨或改进的空间，就随时做出修改和微调。

检验行动计划的 SMART 标准

制订行动计划时，一定要以能达成目标为宗旨。如果你的计划过于宏伟，那你可能无法成功实行计划，这会让你气馁受挫。如果你的计划太含糊，可能一两个星期（或一两个月）之后，你仍然不清楚自己应该做什么。如果你的计划过于保守，你可能会感觉自己进步不大，始终停滞不前。因此，不论你在哪个阶段，不论你是在拟定初稿、二稿还是终稿，都要确保你的行动计划满足下述"SMART"标准：

表 9-1　行动计划："SMART"标准

S	它够简单（Simple）和具体（Specific）吗？
M	它可评估（Measurable）吗？
A	它为人所接受（Agreed）吗？
R	它现实（Realistic）吗？
T	其时间表（Timescale）合理吗？

S：它够简单（Simple）和具体（Specific）吗？

你能用一个词解释你的计划吗？它够清晰易懂吗——即使是小孩都能理解？建议你将制定的计划，读给你信任的一位朋友或家人听。他们有让你解释或澄清其中某一部分吗？如果有，那么这部分就需要重拟。重拟后，再次以同样方法检验。

M：它可评估（Measurable）吗？

你如何确定自己是否达成了目标？比如，如果半年时间内，你严格遵守行动计划，你的感觉将会是什么？哪些新习惯仍会保持？你将达成什么具体的目标？你如何确定自己的新核心论断仍然强大？如果你需要作出更多改变，实施更多试验，那你还需要做哪些目前没做的事？

如果你能明确自己的目标，那么判断计划是否在你掌控之中、观察计划实行得是否成功，观察计划哪里失败了，以及评估计划对你的帮助有多大，都会容易很多。这个过程中，如果计划进展不如你的预期，或者没达到你的要求，那么千万要警惕自我批评想法。

关键是你要记住，你的目标是学习技术——巩固并强化新的行为模式的技术。而这些新的生活技术，是需要终生学习的。

A：它为人所接受（Agreed）吗？

你实施计划时，可能影响到一些人，那你把他们观点和感受纳入考虑了吗？你获得他们的同意（或者至少是理解）了吗？

我的意思绝不是说：只有得到他人支持，你才能实施计划。你努力提高自尊，努力在生活中做出改变，让自己自我感觉良好，这些事都不需要他人允许。然而，你需要了解的是：你发生改变，意味着他人将遭遇变化。比如，如果你计划更加坚定自信地表述自己观点和满足自身需求，那势必会对周遭的人产生影响。如果你计划改变工作安排（比如减少工作时间，腾出更多休闲时间和社交时间，或者寻求更具挑战性的任务），那这不仅会影响工作上的伙伴，还会影响家人。

你在制订行动计划时，把这一项纳入考虑很重要。你需要与他人交流你的目标吗？和最亲近的人讨论你将做出哪些改变，会有所帮助吗？为了坚持实行计划，你会寻求帮助吗？

即使你不希望直接把他人扯进来，也至少考虑一下：你的计划会对他人产生什么影响？他们会做出负面反应吗？你的预测是什么？当然，你可能会预测错误。但是，如果你考虑了现实中可能发生的事，并计划好如何应对（如果有必要，寻求外界支持），那么你将处于一个更为有利的状态。

比如，布里奥妮的计划之一是：留出更多时间做自己喜欢做的事。她意识到，按照这一计划，必须有人帮她分担家务。为了维持"我是一个好母亲"的感觉，她总是觉得家里的购物、煮饭、洗衣、打扫都必须由她一人包办——即使她丈夫完全有时间分担，即使她孩子也大了，可以出一份力。

　　布里奥妮意识到，因为自己一个人承担了所有家务，家人全都被她惯坏了，不再主动分担家务。她做了一个自认为很棒的决定：让他们也分担一部分家务，以提升自己自尊。于是，布里奥妮跟丈夫和孩子说，她制订了一个更公平的"家务分享"计划，而且要付诸实施。她预测，丈夫和小孩应该都会表示理解，口头上也会表示支持。但是，她也预测，一旦动起真格，他们也不会真正去做分配给他们的家务，而更愿意维持现状——这也是人之常情。毕竟，如果有人代劳，为何自己要动手？因此，她在自己的计划中添加了如下内容：家人如果不分担家务，自己该怎么做？这也让她更加清楚，自己为何要做出改变：因为她是一个有价值的人，理应从生活中得到更多，而不仅仅只是做个"佣人"。

　　R：它现实（Realistic）吗？

　　你在提前计划时，考虑以下因素：

- 你的情绪、身体健康以及体能状态
- 你的资源（比如钱、时间、关心且尊重你的人）
- 对你时间和精力的其他要求
- 你能从家人、朋友、同事及其他人（比如，你所属的女性团体或慈善机构之类的团体）那里得到什么样的支持

　　只有考虑了以上因素，你的行动计划才会更现实、有效。行动计划最好短一点，建议不要太长。计划越长，越精雕细琢，你越不可能拿出来看，时间一长也就丢在一边，不再实行了。如果有些问题，你觉得应该制定的更详细，那就另拿一张纸写出来，作为行动计划的备注，跟行动计划放在一起。也建议你采用高亮、不同字体、

便利贴等方式，将计划重点标示出来。

T：其时间表（Timescale）合理吗？

最后，一定要仔细考虑以下问题：你愿意花多长时间来实施行动计划，以及多长时间可以达成某个具体的目标。强烈建议你搞清楚：你最想做出什么样的改变？什么样的改变相对不那么重要？问问自己：

- 你的当务之急是什么？如果你只能完成你计划的20%，你希望这20%是什么？
- 你每周需要花多长时间，才能实施你的行动计划？如果你仍然觉得有必要规律性地写下自己的想法，然后进行质问，那么，你每天需要留出多少时间做这件事，才能轻松完成，不会匆匆忙忙，从而获得最大收益？（这与你每天希望记录几个事例有关）另一方面，现阶段你可能已经不必特意将负面想法写出来，在脑子里就能处理它们，并自动注意支持你新核心论断的证据。即使是这样，也建议你定期总结自己的计划。每周（或每月）你需要多少时间评估进展，并设定新的挑战？
- 你有关于自尊的个人目标是什么（也就是，在获得健康自尊的旅程中，你为自己设定的诸多里程碑）？三个月后，你希望自己是什么状态？六个月后呢？一年之后呢？
- 你多久总结一次进展（成就、困难、什么有帮助、什么没有帮助）？
- 你设定了第一次总结的时间吗？是下周？下个月？或者再往后推？不论是什么时间，确定一个具体的时间，提前安排好。为此次总结专门安排一个和平时不一样的场景。外出吃午餐，放自己一天假到郊外、温泉，或者海边。至少，在家里找一个安静的空间，能让你感觉舒适自在，选一个不会被打断的时间。在这个放松的空间，反思你达成了什么，并思考下一步。

现在就记下你计划做总结的日期和时间。不要推迟或改期。这是你自己的事情，这很重要，而且你值得拥有。

一个提醒

行动计划完成之后，可能就丢到一边，然后就被遗忘了。如果你不知道自己的行动计划放在哪，你就无法使用它。把它随处乱丢，任它被污损、被折角，或者被存到电脑或手机上的一个不好找的角落，最后密码还忘了，这些都将传达如下信息：它真的不重要——你真的不重要。因此，一定要知道你的行动计划放在哪里，确保在你需要时，很容易就能找到它。把它放在容易找到的地方，某个特别的地方，如果可以，那就放在属于你自己而且独属于你自己的某个地方。

行动计划：有用的问题

下面列出了一些帮助你制订行动计划的问题，后面将一一解释。

表9-2　行动计划：有用的问题

1. 我的低自尊是如何发展而来的？
2. 哪些因素在维持着它？
3. 阅读本书以来，我学到了什么？
4. 我无益的想法、规则与信念之中，最重要的是哪些？对此，我找到的替代性想法、规则和信念是什么？
5. 我如何利用已经学到的东西继续前行？
6. 什么可能导致退步？
7. 我如何知道事情不对劲？
8. 如果我确实退步了，我能做什么？

1. 我的低自尊是如何发展而来的？

简短总结那些促使你形成旧核心论断的经历。将强化旧核心论断的稍晚一点的经历（如果它们有重要意义）也包括进去。

2. 哪些因素在维持着它？

为了应对自己的核心论断，你发展出哪些无益的生活规则？哪些想法维持你的恶性循环（你典型的焦虑预测和自我批评想法）？你想法中存在什么样的偏见？对这些问题，都做一个总结。你特别注意自己的哪些方面？什么被你自动排除、忽视或未予重视？最后，总结不必要的预防措施和自我挫败行为，它们让你无法发现自己的焦虑预测不正确，让你的情绪持续低落。

3. 阅读本书以来，我学到了什么？

记下你觉得有用的新想法（比如，"我的自我信念是观点，而非事实"）。将你学到的那些方法也记下来，包括处理焦虑和自我批评想法、处理规则及核心论断的方法（比如，"总结证据并拓宽视野""不要总是'我认为''我以为'，而是进行检验"）。回顾你做过的事，记下你觉得有用的部分，只要你觉得对你有所帮助的事情，也一一都记下来。

4. 我最重要的无益的想法、规则和信念是什么？对此，我找到的替代物是什么？

写下让你最为头疼的焦虑预测、自我批评想法、生活规则以及核心论断。与之相对，总结你发现的替代物。如果你觉得总结一下会大有帮助，那么可以在行动计划之外，单独列个单子。你可以使用如下的格式：

无益的想法/规则/信念	有益的替代物

5. 我如何利用已经学到的东西继续前行？

这里，建议你思考一下未来，看看你具体需要做什么，才能巩固你学到的新想法和新技术，并让它们融入你的日常生活。你也可以思考一下：你还想在哪些方面做出改变。你可以回顾本书的某些章节，按照其中的指引重新实践一次，或者利用你学到的方法，改变那些你尚未处理的生活规则或自我信念。你也可以进一步阅读更多资料或书籍，帮助你深化已经学到的东西，或者让你的实践更加有效（参见下文）。

下面我们一章一章来看：

- 对于自己的低自尊如何发展而来以及哪些因素在维持它，你是否还有尚未完全理解的部分？如果有，你要如何厘清？
- 是否还有一些情境会让你感到焦虑，但是你不清楚焦虑的原因？如果有，你需要做什么来厘清自己在这些情境中的预测？是否还有一些情境，你很清楚自己的预测是什么，但是你还没有完全直面它们，没有放弃你所有的预防措施？如果有，你如何制订出逐步的计划对它们进行处理？即使你已经成功处理了所有让你焦虑的情境，也知道自己的预测不现实，你未来很可能还是会体验到各式各样的焦虑（你永远不再焦虑当然很好，但是焦虑是人类经验中固有的部分）。你如何运用学到的东西处理这些焦虑？

- 你如何拓展自己识别并挑战自我批评想法的能力？你还需要提防哪些自我挫败行为？你计划如何"反其道而行"？

- 记住自己的优点，在日常生活中留意自己的品质、优势、技能和才华，你目前做得如何？你还需要书面记录吗？即使你不再需要，书面记录是否对你更有帮助？如果你未来出现退步，是否可以将书面记录作为一个有用的参考资源？

- 当你审视自己每天和每周的生活模式时，你是否在"成就"活动（职责、义务、任务）及"愉悦"活动（娱乐、放松）上达到了良好的平衡？如果是，你如何维持这种平衡？如果没有，你需要做什么，才能在已有基础上再接再厉？

- 你已经习惯肯定自己的行为吗？习惯欣赏自己的成就吗？如果会，你如何保持？如果不会，为什么？是自我批评想法从中作梗吗？还是，你仍然抓着完美主义标准不放？如果是，你需要做什么？

- 对于自己新的生活规则，你现在的相信程度有多少？实践起来困难吗？如果你已经完全相信它，实践起来也轻而易举，那么你未来如何保持——即使是在状况很糟，旧的规则被触发的情况之下？你现在多大程度上能"自动"地违背旧规则并观察其结果？你还记得自己"改变规则总结表"里的内容吗，你需要多久复习一次才不至于忘记？如果你仍然对自己的新规则有所怀疑，或者实践起来有困难，你需要做什么才能增加自己对它的相信程度，才能使遵照新规则成为自己的第二天性？你还需要实施什么试验？什么想法还在阻碍你前行，你可以如何处理它们？
- 你现在对自己新核心论断的相信程度有多少？你目前的行为与新核心论断的一致程度如何？如果你非常相信自己的新核心论断，行为也与其一致，但是，面对压力或者忧虑的时候，你如何保证自己新的核心论断坚如磐石？你还需要继续注意什么信息（即使你不再规律性地记录）？你需要继续实施什么试验，让它融入你的生活？你需要多久阅读一次"核心论断总结表"，才能让自己对它一直记忆犹新？

6. 什么可能导致退步？

思考一下，什么经验或环境改变仍能激活你旧的核心论断，引发问题，给你带来麻烦。前面已经学过（第3章，54—56页）什么样的情境能激活你的核心论断，这里可以再次派上用场。你现在很可能已经可以更加建设性地处理这些情境。然而，设想你面临高强度的压力，或者你的生活处境变得异常艰难，又或者你因其他一些原因而疲惫不堪、身体不适或者心情不好，你仍然可能产生自我怀疑。厘清自己的脆弱之处，有助于快速注意到事情出错了，并采取行动。

7. 我如何知道事情不对劲？

事情出错，自我感觉失衡的标志因人而异，就像每个人的指纹或签名一样。下面列出了一些帮助你识别自身模式的问题：

记下那些表明你自尊开始下滑的信号，也就是你退步的标志。

还有一个非常有用的方法是，寻求非常熟、非常信任的朋友

> **哪些线索表明你的核心论断死灰复燃？**
>
> 你感受如何（你的情绪）？
>
> 你体验到什么样的身体感觉？
>
> 你出现了什么样的想法？
>
> 你的"心眼"看到什么画面？
>
> 你的行为有何异样（例如开始回避挑战、不再做让自己快乐的事情、不再为自己挺身而出并满足自己的需求）？
>
> 你注意到他人有何异样（例如生气、安慰、道歉）？

的帮助。心理及情绪状态的变化可能非常细微，难以察觉，而且"当局者迷"。那些非常了解我们、关心我们的人，很可能能先我们一步发现这些微妙的退步预警信号。甚至，如果你对他们的善意有充分的信心，你还可以和他们约定：只要他或她感觉事情不对劲，就及时说出来，并且跟你讨论如何才能最好地帮到你。

8. 如果我确实退步了，我能做什么？

如果你确实发现了退步的早期预警信号，接下来要做的就是想一想：我应该如何应对，方案应该尽量详细。在现在这种困境下，我如何照顾自己？我如何避免再次跌入低自尊的深渊？如何寻求一切可能的支持？你首先应该冷静下来，对自己说**"不要慌张"**（Don't Panic）——这是道格拉斯·亚当斯的《银河系漫游指南》中著名的危机应对指南。克服低自尊的旅程中出现退步是很正常的事，低自尊已伴随你多年的情况下尤其如此。

退步并不代表你又回到起点，也不表示你未来任何努力都将无法帮到自己，都是徒劳无功。相反，你只是需要重新捡起学到的知识，将其系统地付诸实践，你的自尊自然会再次达到平衡。你可能要从最基础的做起，比如，也许你早就不再需要有规律地记录，但是你现在要重新开始。这感觉像大倒退，但事实上，这只是表示，在一段时间内，你需要多花一些时间和努力来巩固新的核心论断，这完全合乎情理。就好比你已经学会了一门外语，但是很长时间没说了，现在你要到说这种语言的国家旅游——就算你已经熟练掌握这门外语，为了成功迎接即将到来的挑战，重新复习一下也是十分合理的事情。

如果你需要外在帮助怎么办

如果本书提供的观点对你十分有用，但是你在实践方面有一些困难（可能是因为你的旧核心论断十分强大，或者它对你生活造成了功能性伤害），那么，寻求治疗师帮助，可以让你在自己探索的基础上更进一步。如果你颇为认同本书解释以及克服低自尊的方式，那么，对你最有利的选择可能是找一位认知行为治疗师。相反，如果你更喜欢不那么结构化的反思性方法，也就是更强调发展洞察力，而不是改变日常行为方式的实践技术，那么心理咨询师或治疗师可能更适合你。

第1章已经说过，寻求心理帮助并不是什么可耻的事情，并不表示你承认失败，而是掌控自己生活、为所当为并实现理想自我的一个步骤。想象一下：你到了一个陌生的地方，还必须在黑夜中行进，如果有一个向导，你是不是更放心？这好过你独自探险而陷入沼泽，迷失方向。治疗师就像一个向导。他或她将教你看地图，教你探测并有效应对陷阱和挑战，最终帮助你成功抵达终点。

再比如，你学习一项新的技能（比如驾驶卡车或练习某项体育运动）时，参加一些课程或者请一个教练都很合理。治疗师也像教练。他们的主要目标是帮你把技术学到一定程度，然后你就可以独自上路，而治疗师则功成身退。

表 9-3　未来的行动计划：布里奥妮

1. 我的低自尊如何发展而来？ 我感觉父母去世是我的错。我继父母恶劣对待我证实了这一点。最后，我继父开始侵犯我时，我得出结论：所有这些都是因为我，所有这些都表示我很糟。这是我的旧核心论断。旧核心论断确立之后，再发生任何事，都好像在证实它是正确的。比如，我的第一任丈夫总是批评我、嘲笑我。因为我之前的经历，我认为自己活该如此。
2. 低自尊何以持续？ 我之后的想法和行为都遵从一个前提：我真的是一个很糟糕的人。我从未注意自己的优点；我不向他人展露真实的自我，因为我坚信：别人了解真实的我之后，就不会再和我有任何联系。我总是对自己很严苛。我只要做错事，就会充满绝望——这又进一步证实我多么差劲。只有极少数人，即使在我退缩时，仍然坚持不懈想与我建立亲密关系，除此之外，我再无任何亲密关系。我允许别人忽视我、否定我，以及恶劣地对待我。我认为自己只配如此。
3. 通过本书，我学到了什么？ 对事情有了更好的理解——"我很糟"是我的信念，而不是事实，这是问题所在。我了解到，即便一个人的自我信念已经持续很长时间，仍然可以改变的。我学会遏制自我批评的声音，关注自己的优点。我在改变自己的规则，努力让别人看到更真实的我。
4. 我最重要的想法、规则和信念是什么？我找到的替代物是什么？ 我很糟→我有价值 如果我让人靠近我，他们会伤害我并利用我→如果我让人靠近我，我会获得温暖和爱。大多数人会友善地对待我，就算有人恶劣地对待我，我也能保护自己，远离他们。 我绝不能让任何人看到真实的我→既然真实的我有价值，我就不需要隐藏真实的自己。如果有人不喜欢，那是他们的问题。

续表

5. 我如何利用学到的东西继续前行？
每天阅读新规则和新核心论断的总结表——我需要反复温习。行为要始终与新规则和新核心论断一致，并观察结果。当我焦虑不安、想要回避或保护自己时，厘清预测并进行检验。
提防自我批评，因为它根深蒂固，所以我需要坚持不懈地与之作斗争。
持续记录体现我优点的事例——持续记录的效果已经有所体现。
为我自己争取时间——当家人故态复萌时，勇于提醒他们。

6. 什么会导致我退步？
因某些原因变得抑郁。被人持续恶劣地对待。我在意的人出事（我可能责备自己）。

7. 我如何知道事情不对劲？
想要封闭自己，不见任何人。和丈夫小孩相处时，变得焦躁易怒。身体绷紧，特别是脖子和肩膀。

8. 如果我真的退步，我能做什么？
刚开始要试着注意早期预警信号。请求丈夫帮我：当我开始隐藏自己，变得易怒和戒备时，他都能敏感地察觉到，并且他能注意到我的沮丧。然后，拿出我的笔记，特别是总结表和这份行动计划，坚持实施对我有效的那些做法。考虑到我的负面自我感觉已持续很久，以及背后的原因，偶尔出现退步情有可原，所以，不要因为退步而责备自己。鼓励自己，宽容友善地对待自己，对于任何处于痛苦中的人，我都持有这样的态度。寻求所有可能的支持，并回到基础的步骤。

本 章 总 结

1. 你通过本书学到的观念和技术，可以组成一个连贯的改变计划。这些观念或技术都是基于认知行为理论对低自尊的理解。

2. 为了确保你继续运用前面学到的知识，并将其融入生活，建议你制定一个书面的行动计划。

3. 你的行动计划应该明确且现实。你应该明确如何评估计划实施的进展，制定计划时，应考虑你的改变将对周围人产生何种

> 影响、你时间和资源的限制,时间表也必须现实可行。
>
> 4. 在行动计划中,还应总结你的低自尊如何发展而来以及哪些因素导致它一直持续。写下你通过本书学到的新观念和新技术,以及你计划如何在此基础上继续前行。识别未来可能导致退步的事件和压力,以及表明事情偏离轨道的早期预警信号。还应事先做好应对退步的详细计划。

附 录

表 4-1 预测和预防措施工作表

日期/时间	情境 当你开始感觉焦虑时,你正在做什么?	情绪及身体感觉 (比如,焦虑,恐慌,紧张,心跳加速)按照强烈程度,从0—100打一个分数	焦感预测 你开始感觉焦虑时,你脑子里究竟在想什么?(比如,语言和画面形式的想法)按照相信程度,0—100打一个分数	预防措施 为了防止预测变为现实,你做了什么?(比如,回避情境,寻求安全的行为)

表 4-1 预测和预防措施工作表

日期/时间	情境 当你开始感觉焦虑时，你正在做什么？	情绪及身体感觉 （比如，焦虑、恐慌、紧张、心跳加速）按照强烈程度，从0—100打一个分数	焦感预测 你开始感觉焦虑时，你脑子里究竟在想什么？（比如，语言和画面形式的想法）按照相信程度，从0—100打一个分数	预防措施 为了防止预测变为现实，你做了什么？（比如，回避情境，寻求安全的行为）

表 4-4 检验焦虑预测工作表

日期/时间	情境	情绪和身体感觉 强度评分 0—100	焦虑预测 相信程度评分 0—100	替代性看法 使用上面提供的关键问题来发现对该情境的其他看法。 相信程度评分 0—100	试验 1 你做了什么来代替惯常的预防措施? 2 结果是什么? 3 你学到什么?

表 4-4 检验焦虑预测工作表

日期/时间	情境	情绪和身体感觉 强度评分 0—100	焦虑预测 相信程度评分 0—100	替代性看法 使用上面提供的关键问题来发现对该情境的其他看法。相信程度评分 0—100	试验 1 你做了什么来代替惯常的预防措施? 2 结果是什么? 3 你学到什么?

表 5-1 察觉自我批评想法工作表

日期/时间	情　境 当你自我感觉不好时，你正在做什么?	情绪和身体感觉 (如悲伤、生气、内疚) 强度评分 0—100	自我批评想法 当你开始自我感觉不好时，你到底在想什么?(比如，以言语、画面、含义形式呈现的想法) 相信程度评分 0—100	无益的行为 出现自我批评想法之后，你做了什么?

表 5-1 察觉自我批评想法工作表

日期/时间	情　境	情绪和身体感觉	自我批评想法	无益的行为
	当你自我感觉不好时，你正在做什么？	（如悲伤、生气、内疚）强度评分 0—100	当你开始自我感觉不好时，你脑子里到底在想什么？（比如，以言语、画面、含义形式呈现的想法）相信程度评分 0—100	出现自我批评想法之后，你做了什么？

表 5-1 察觉自我批评想法工作表

日期/时间	情境 当你自我感觉不好时,你正在做什么?	情绪和身体感觉 (如悲伤、生气、内疚) 强度评分 0—100	自我批评想法 当你开始自我感觉不好时,你脑子里到底在想什么?(比如,以言语、画面、含义形式呈现的想法) 相信程度评分 0—100	无益的行为 出现自我批评想法之后,你做了什么?

表 5-1 察觉自我批评想法工作表

日期/时间	情　境　 当你自我感觉不好时，你正在做什么？	情绪和身体感觉 （如悲伤、生气、内疚）强度评分 0—100	自我批评想法 当你开始自我感觉不好时，你脑子里到底在想什么？（比如，以言语、画面、含义形式呈现的想法） 相信程度评分 0—100	无益的行为 出现自我批评想法之后，你做了什么？

表 5-3 质问自我批评想法工作表

日期/时间	情　境	情绪和身体感觉 评分 0—100	自我批评想法 相信程度评分 0—100	替代性视角 利用关键问题，寻找其他看待自己的视角。相信程度评分 0—100	结　果 1. 既然你已找到替代自我批评想法的新想法，你感觉如何（0—100）？ 2. 你现在对自我批评想法的相信程度是多少（0—100）？ 3. 你现在能做什么（行动计划，试验）？

表 6-2 每日活动记录

		星期一	星期二	星期三	星期四	星期五	星期六	星期天
上午	6—7							
	7—8							
	8—9							
	9—10							
	10—11							
	11—12							
下午	12—1							
	1—2							
	2—3							
	3—4							
	4—5							
	5—6							
晚上	6—7							
	7—8							
	8—9							
	9—10							
	10—11							
	11—12							

表 7-5　试验新规则工作表

日期/时间	情 境	我做了什么	结 果

表 10-1　按照新核心论断行事工作表

日期/时间	试验（我做了什么）	结果（我注意到什么，我的感觉和想法，他人的反应，我学到什么）	我对旧核心论断的相信程度	我对新核心论断的相信程度

图书在版编目(CIP)数据

克服低自尊：第二版 /（英）梅勒妮·芬内尔（Melanie Fennell）著；聂亚舫译. — 上海：上海社会科学院出版社，2018
（心理自助 CBT）
书名原文：Overcoming Low Self-Esteem (2nd Edition)
ISBN 978-7-5520-2349-7

Ⅰ.①克… Ⅱ.①梅…②聂… Ⅲ.①自尊—通俗读物 Ⅳ.①B842.6-49

中国版本图书馆 CIP 数据核字(2018)第 137638 号

Overcoming Low Self-Esteem: A self-help guide using cognitive behavioural techniques, 2nd Edition
ISBN 978-1-47211-929-2
Copyright © Melanie Fennell, 2016
First published in the United Kingdom in 2016 by Robinson.
This Chinese language edition is published by arrangement with Little, Brown Book Group.
上海市版权局著作权合同登记号：图字 09-2017-128 号

克服低自尊：第二版

著　　者：（英）梅勒妮·芬内尔
译　　者：聂亚舫
责任编辑：周　霈
封面设计：黄婧昉
出版发行：上海社会科学院出版社
　　　　　上海顺昌路 622 号　邮编 200025
　　　　　电话总机 021-63315947　销售热线 021-53063735
　　　　　https://cbs.sass.org.cn　E-mail:sassp@sassp.cn
照　　排：南京理工出版信息技术有限公司
印　　刷：上海龙腾印务有限公司
开　　本：890 毫米×1240 毫米　1/32
印　　张：9.125
插　　页：2
字　　数：219 千
版　　次：2019 年 1 月第 1 版　2025 年 10 月第 7 次印刷

ISBN 978-7-5520-2349-7/B·246　　　　　　　定价：45.00 元

版权所有　翻印必究